Lecture Notes in Mathematics

A collection of informal reports and seminars
Edited by A. Dold, Heidelberg and B. Eckmann, Zürich
Series: Institut de Mathématique, Université de Strasbourg
Adviser: M. Karoubi and P. A. Meyer

295

Claude Dellacherie

Université de Strasbourg, Strasbourg/France

Ensembles Analytiques
Capacités
Mesures de Hausdorff

Springer-Verlag
Berlin · Heidelberg · New York 1972

AMS Subject Classifications (1970): 04 A 15, 28 A 05, 28 A 10

ISBN 3-540-06076-6 Springer-Verlag Berlin · Heidelberg · New York
ISBN 0-387-06076-6 Springer-Verlag New York · Heidelberg · Berlin

Offsetdruck: Julius Beltz, Hemsbach/Bergstr.

PRÉFACE

Les notes qui suivent sont une rédaction d'une série de conférences faites à "l'Institute for Advanced Study" de Princeton durant l'année universitaire 1971/72. On y trouvera peu de résultats nouveaux, mais je pense que la présentation de certains résultats, anciens ou nouveaux, classiques ou peu connus, et, d'une manière générale, la conception de l'ensemble, sont nouvelles.

Depuis quelques années, l'étude des ensembles analytiques en topologie connait une nouvelle jeunesse; mais on s'occupe essentiellement de leur théorie dans un cadre plus large que le cadre classique des écoles russe et polonaise de l'entre-deux guerres (espaces non séparables, non métrisables; définitions diverses non équivalentes, etc). Tel n'est pas notre propos. Au contraire, nous avons choisi la situation de départ la plus "regulière" possible, celle des espaces métrisables compacts, et nous avons concentré notre attention sur les rapports existant entre les ensembles analytiques et les capacités : nous avons voulu montrer que ces derniers sont "comme cul et chemise" comme l'on dit chez nous.

C'est pour moi un fait inexpliquable que la relance de l'étude topologique des ensembles analytiques soit due en grande partie aux travaux de Choquet, et que très peu de gens se soient occupés - et meme aperçus - de leurs liens avec la théorie des capacités initiée par Choquet. Aussi ai-je un peu conçu ces notes comme une "brochure publicitaire" pour une certaine vue de la théorie des ensembles analytiques.

Il y a six chapitres, la plupart suivis de compléments, et deux appendices finaux. Je vais d'abord donner une idée du contenu des chapitres proprement dits, quitte à me répéter par la suite dans les diverses introductions.

Chapitre I : Ensembles et fonctions analytiques

On y définit les ensembles analytiques, et, plus généralement, les fonctions analytiques : cette petite généralisation, déjà introduite par Kuratowski [31], est précieuse pour les applications. Et on y établit les propriétés classiques de stabilité de l'ensemble des fonctions analytiques. Dans le cadre simple dans lequel nous nous placons, toutes les définitions raisonables sont équivalentes. J'ai pris comme définition celle de P.A. Meyer par schémas de projection pour les raisons suivantes : d'abord c'est, à mon avis, la plus simple tant du point de vue intuitif que du point de vue technique; mais, surtout, elle entre tout à fait dans notre vue des ensembles analytiques, les projections étant des cas particuliers de noyaux capacitaires. On donne aussi la définition par schémas de Souslin et, enfin, une initiation pratique au calcul symbolique de Kuratowski-Tarski. Ce dernier, trop méconnu à mon avis des analystes, sera utilisé fréquemment par la suite pour vérifier mécaniquement que des ensembles sont analytiques.

Chapitre II : Capacités

On y établit d'abord le théorème "classique" de capacitabilité de Choquet, et on termine aussi par un autre théorème "classique" de Choquet sur la construction de capacités. J'ai l'impression que l'adjectif "classique" n'a en fait de sens que pour ceux ayant travaillé en théorie du potentiel ou des processus de Markov : il m'est apparu que ce n'est pas le cas pour ceux travaillant en logique ou en théorie de la mesure géomètrique. Ici, comme dans les chapitres ultérieurs, nous avons illustré les concepts nouveaux par de nombreux exemples, rarement développés cependant. On montre en particulier que le théorème de séparation des ensembles analytiques est un cas particulier du théorème de capacitabilité.

Chapitre III : Calibres

Ce petit chapitre est le seul à être consacré à un concept nouveau (en dehors de la topologie de Hausdorff), et c'est aussi techniquement le plus facile. Mais il résume assez bien la "philosophie" de ces notes. On y étudie des transformations d'ensembles soumises à deux conditions : une condition de "capacitabilité", et une condition "d'analyticité" de leurs restrictions aux compacts. On en déduit qu'elles transforment tout ensemble analytique en une fonction analytique.

Chapitre IV : Noyaux capacitaires

On y étudie les capacités à valeurs fonctionnelles, et on montre que ce sont des calibres. On en déduit que l'image d'une fonction analytique par un noyau capacitaire est encore analytique. Ce théorème est aussi établi par schémas de Souslin (en suivant la démonstration originale de Mokobodzki), ce qui permet d'étendre sa validité à un cadre plus général que celui dans lequel nous nous sommes placés. C'est à mon avis un théorème profond qui mérite d'être connu et exploité : il permet en particulier de définir les morphismes d'une catégorie qui se présente naturellement dans l'étude des ensembles analytiques du point de vue abstrait.

Chapitre V : épaisseurs

On y établit un théorème de capacitabilité généralisant le théorème de Souslin suivant lequel tout ensemble analytique non dénombrable contient un compact non dénombrable. Et on l'applique à l'étude de classes d'ensembles "exceptionnels" dont des cas particuliers sont les ensembles semi-polaires en théorie du potentiel, et les ensembles σ-finis en théorie des mesures de Hausdorff. Ce chapitre reprend en fait un de ceux de ma monographie récente "Capacités et Processus stochastiques". J'ai jugé utile de le reprendre pour les raisons suivantes : d'abord, je pense que ces notes ne s'adressent pas tout à fait au même "public"; d'autre part, il fallait y apporter quelques aménagements, assez simples pour celui qui a rédigé les choses n+1 fois, mais peut-être moins évidents pour le lecteur non initié.

Chapitre VI : Mesures de Hausdorff

On donne ici un certain nombre d'applications des chapitres précédents à l'étude des mesures de Hausdorff. En fait, je ne me suis interessé qu'aux propriétés de ces mesures ayant trait aux ensembles analytiques, et j'ai évidemment rédigé les résultats dans le langage des capacités, mais ce n'est pas celui qui a été adopté par leurs "inventeurs" (Besicovitch, Davies, Rogers, Sion et Sjerve). Il y a aussi deux résultats nouveaux, dérivant du fait que les mesures de Hausdorff sont des calibres. Il existe, par ailleurs, un livre récent sur les mesures de Hausdorff, écrit par Rogers, et il est excellent. Aussi me suis je gardé de faire "double-emploi" : le paragraphe 2 développe des choses juste abordées par Rogers, tandis que le paragraphe 3 initie à un sujet abondamment développé par Rogers.

Les compléments des divers chapitres sont consacrés soit au point de vue abstrait, soit au cas d'un cadre topologique plus large. Le premier appendice contient des contre-exemples en théorie des capacités. Le deuxième appendice présente une autre définition possible de "bons" ensembles ayant des propriétés analogues à celles des ensembles analytiques. Les compléments et appendices ne contiennent aucune démonstration de résultats déjà publiés.

On trouvera, juste après cette préface, une introduction dans laquelle sont expliquées notre terminologie et nos notations, ainsi que le système de références. Le volume se termine par des commentaires, une bibliographie, et des index.

Un dernier mot sur le niveau requis pour lire ces notes. La lecture des cinq premiers chapitres ne nécessite qu'une connaissance "honnête" des espaces métrisables compacts et de la théorie de la mesure (en fait, essentiellement, une certaine familiarité avec le calcul booléen). Le sixième nécessite en plus quelques connaissances des mesures au sens de Carathéodory, mais nous avons rappelé ce dont nous avons besoin dans un paragraphe introductif. Comme de coutume, la compréhension des exemples nécessite souvent de plus amples connaissances, parfois même très spécialisées.

Il ne me reste plus que la tache bien agréable de remercier tous ceux qui ont contribué, d'une manière ou d'une autre, à la mise au point de ces notes. D'abord l'Institut de Princeton et l'Université de Cornell qui m'ont donné la possibilité de passer des vacances studieuses après une dernière année universitaire assez pénible (this research is partly supported by the NSF at ...). Ensuite les divers mathématiciens qui ont influencé directement ou indirectement le contenu de ces notes : je pense en particulier à F. Almgren, dont j'ai suivi le cours de mesure géometrique à l'Université de Princeton, et à ses élèves, à J.L. Doob, mon conseiller linguistique durant mes conférences, et aussi l'un de mes fidèles auditeurs avec Armstrong, Powell, B.J. Walsh et quelques autres dont je m'excuse d'avoir oublié les noms, à E. Ellentuck pour nos conversations sur les ensembles analytiques, et à R.O. Davies, P.A. Meyer et G. Mokobodzki pour leur correspondance stimulante. Et, enfin, H. Kesten et F. Spitzer pour leur hospitalité bien cornélienne...

TABLE DES MATIÈRES

CHAPITRE I : ENSEMBLES ET FONCTIONS ANALYTIQUES........... 1

1.- Schémas de projection................................. 2

2.- Stabilité de l'ensemble des fonctions analytiques.. 5

3.- Schémas de Souslin................................... 9

4.- La méthode symbolique de Kuratowski-Tarski......... 11

5.- Compléments.. 15

CHAPITRE II : CAPACITÉS.................................. 19

1.- Définitions. Exemples................................ 19

2.- Le théorème de capacitabilité........................ 22

3.- Applications... 25

4.- Construction de capacités............................ 29

5.- Compléments.. 38

CHAPITRE III : CALIBRES.................................. 41

1.- La topologie de Hausdorff............................ 41

2.- Calibres... 46

CHAPITRE IV : NOYAUX CAPACITAIRES........................ 51

1.- Noyaux capacitaires.................................. 51

2.- Schémas de Mokobodzki................................ 57

3.- Projections capacitaires............................. 60

4.- Compléments.. 62

CHAPITRE V : ÉPAISSEURS.................................. 65

1.- Précapacités dichotomiques........................... 66

2.- Épaisseurs... 71

3.- Ensembles minces..................................... 76

4.- Compléments.. 81

CHAPITRE VI : MESURES DE HAUSDORFF.......................... 82

1.- Mesures extérieures.............................. 82

2.- Mesures de Hausdorff............................. 85

3.- Ensembles minces et ensembles σ-finis............. 94

4.- Compléments...................................... 99

APPENDICE I : Capacités.................................. 102

APPENDICE II : Rabotages................................. 110

COMMENTAIRES... 115

BIBLIOGRAPHIE.. 119

NOTATIONS.. 121

INDEX TERMINOLOGIQUE..................................... 122

INTRODUCTION

1) L'ensemble $\mathbb{N}$ des entiers naturels admet 1 pour plus petit élément. L'ensemble des réels est noté $\mathbb{R}$, celui des reels ≥ 0 est noté $\mathbb{R}_+$, et enfin $\overline{\mathbb{R}}_+$ désigne l'ensemble des réels ≥ 0 finis ou non. Le mot "positif" signifie "≥ 0" (et convention analogue pour "plus grand que" et "croissant").

2) Nous entendrons TOUJOURS par le mot FONCTION une application à valeurs dans $\overline{\mathbb{R}}_+$. Une fonction continue (et plus généralement, semi-continue supérieurement) est à valeurs dans $\mathbb{R}_+$, mais cela n'a en fait guère d'importance. Dans toute la suite, en dehors des compléments, on désigne par E, F, G etc des espaces métrisables compacts, et "x" (resp "y", "z", etc) désigne alors un point générique de E (resp F, G, etc)

3) La fonction indicatrice (ou caractéristique) d'un ensemble A est notée 1_A. Cependant nous avons souvent confondu les ensembles avec leurs fonctions indicatrices. En particulier, nous avons noté par $\phi(E)$ soit l'ensemble des parties de E, soit l'ensemble des fonctions définies sur E (cf p 19).

4) Le complémentaire d'un ensemble A est note A^c; la différence $A \cap B^c$ de deux ensembles A et B est notée A - B ou (A - B). Si f et g sont deux fonctions, $f \vee g$ (res $f \wedge g$) désigne l'enveloppe supérieure (resp inférieure) de f et g. Le produit des deux fonctions est bien défini par la convention $0.\infty = 0$. Si f est définie sur E et g sur F, le produit tensoriel est noté $(f x g)$: par définition, on a $(f x g)(x,y) = f(x).g(y)$

5) Nous avons adopté une écriture compacte pour indiquer la stabilité d'un ensemble de parties (resp fonctions) pour certaines opérations ensemblistes (resp latticielles et algebriques). Quelques exemples suffiront pour éclairer ces notations. L'expression "$\underline{\underline{E}}$ est stable pour $(\cup f, \cap f)$" signifie que l'ensemble de parties $\underline{\underline{E}}$ est stable pour les reunions finies (f) et intersections finies. L'expression "$\underline{\underline{F}}$ est le stabilisé de $\underline{\underline{E}}$ pour $(\cup md, \cap d)$" signifie que $\underline{\underline{F}}$ est le plus petit ensemble de parties contenant $\underline{\underline{E}}$ et stable pour les réunions de suites (d) monotones (m) croissantes et pour les intersections dénombrables (d). Enfin, l'expression "ϕ est stable pour $(\vee d, + d, \times f)$" signifie que l'ensemble de fonctions ϕ est stable pour les enveloppes supérieures dénombrables, les sommes dénombrables et les produits finis. Le stabilisé d'un ensemble de parties (resp fonctions) $\underline{\underline{E}}$ pour $(\cup d)$ (resp $(\vee d)$) est noté, suivant l'usage, $\underline{\underline{E}}_\sigma$; de même, $\underline{\underline{E}}_\delta$ désigne le stabilisé pour $(\cap d)$ (resp $(\wedge d)$). On trouvera d'autres notations conventionelles usuelles p 11 n.15.

6) Le mot "mesure" désigne, sauf mention du contraire, une mesure positive bornée sur la tribu borélienne d'un espace métrisable compact.

7) En ce qui concerne le systeme de référence, chaque chapitre est divisé en paragraphes, mais a fait aussi l'objet d'un découpage "fin" par des numéros en marge. La numérotation est continue pour un même chapitre, et peut indiquer soit un théorème, une définition, un exemple, une remarque etc : on renvoie ainsi au n.15 du chapitre I ou au théorème 22 du chapitre VI, etc. Lorsque le renvoi a lieu dans le même chapitre, on a omis d'indiquer le numéro du chapitre. Les crochets après un nom d'auteur renvoient à la bibliographie.

CHAPITRE I : ENSEMBLES ET FONCTIONS ANALYTIQUES

Dans un espace métrisable compact, tout ouvert (resp compact) est la réunion (resp intersection) d'une suite de compacts (resp ouverts): la tribu borélienne est donc le stabilisé de l'ensemble des ouverts (resp compacts) pour ($\cup d, \cap d$). Plus généralement, l'ensemble des fonctions boréliennes est le stabilisé de l'ensemble des fonctions continues pour ($\vee d, \wedge d$).

Soit maintenant α une application continue de E dans F. On sait que $\alpha^{-1}(B)$ est borélien dans E pour tout borélien B de F. Par contre, si α n'est pas injective, $\alpha(B)$ peut ne pas être borélien dans F si B est borélien dans E : $\alpha(B)$ est alors ce qu'on appelle un ensemble analytique. Dans le premier paragraphe, nous allons définir les ensembles analytiques comme images directes de boréliens particuliers par des applications continues particulières (des projections) Dans le second, nous étudierons les propriétés de stabilité de l'ensemble des parties analytiques d'un espace. Dans le troisième, nous verrons une autre définition des ensembles analytiques (noyaux de schémas de Souslin). Dans le quatrième est indiquée une méthode qui permet assez souvent de vérifier d'une manière mécanique qu'un ensemble est analytique lorsque sa définition est écrite en symboles logiques. Les "compléments" sont consacrés à des généralisations dans un cadre abstrait et un cadre topologique plus vaste.

Une dernière remarque préliminaire : ce que nous allons faire s'étend aisément aux espaces localement compacts à base dénombrable. Si D est un tel espace, il suffit de considérer son compactifié $E = D \cup \{\infty\}$, en convenant d'étendre toute fonction f définie sur D en posant $f(\infty) = 0$

1.- SCHÉMAS DE PROJECTION

En fait, nous allons étendre un peu la notion d'ensemble analytique en définissant la notion de fonction analytique. Pour cela, nous aurons besoin d'une définition adéquate de la projection d'une fonction.

1 DÉFINITION.- Soit f une fonction définie sur un produit ExF. On appelle projection de f sur E la fonction πf définie par

$$\pi(x,f) = \sup f(x,y),\ y \in F$$

où $\pi(x,f)$ désigne la valeur de la fonction πf au point $x \in E$.

Il est clair que, si f est (l'indicatrice d')une partie de ExF, πf est égale à la projection habituelle.

Notons tout de suite quatre propriétés importantes de la projection

2 THÉORÈME.- Soient ExF un produit, et π la projection de ExF sur E.

a) si $f \leq g$, alors $\pi f \leq \pi g$

b) si (f_n) est une suite croissante, alors $\pi(\sup f_n) = \sup \pi f_n$

c) si (g_n) est une suite décroissante de fonctions s.c.s. (i.e. semi-continues supérieurement), alors $\pi(\inf g_n) = \inf \pi g_n$

d) si g est une fonction s.c.s., alors πg est aussi s.c.s.

DÉMONSTRATION.- Les propriétés a) et b) sont évidentes; plus généralement, d'ailleurs, si (f_i) est une famille quelconque de fonctions, on a $\sup \pi f_i = \pi(\sup f_i)$. Comme toute fonction s.c.s. atteint son maximum sur un compact, il est clair que l'on a $\{\pi g \geq t\} = \pi(\{g \geq t\})$ pour toute fonction s.c.s. g et tout $t \geq 0$: πg est donc s.c.s. si g l'est. Enfin, soit (g_n) une suite décroissante de fonctions s.c.s On a évidemment $\pi(\inf g_n) \leq \inf \pi g_n$. Fixons $x \in E$, et soit $t \geq 0$ tel que l'on ait $\pi(x,g_n) \geq t$ pour tout n. Les ensembles $K_n = \{y : g_n(x,y) \geq t\}$ forment une suite décroissante de compacts non vides de F, et, pour tout $y \in \bigcap K_n$, on a $\inf g_n(x,y) \geq t$. Par conséquent, $\pi(x, \inf g_n)$ est $\geq t$ et il est alors clair que $\pi(\inf g_n) \geq \inf \pi g_n$, d'où l'égalité.

Le chapitre II (resp IV) sera consacré à l'étude des fonctions (resp applications) $f \to Vf$ vérifiant les propriétés de ce théorème.

Essayons maintenant de "calculer" la projection d'une fonction borélienne, en supposant connues celles des fonctions continues (nous laissons au lecteur le soin de vérifier que la projection d'une fonction continue est encore continue). Supposons d'abord f s.c.i. (i.e. semi-continue inférieurement) : f est alors le sup d'une suite croissante (f_n) de fonctions continues; on sait donc calculer $\pi f = \sup \pi f_n$, qui est aussi s.c.i. De même, une fonction s.c.s. f est l'inf d'une suite décroissante (f_n) de fonctions continues; on sait donc calculer $\pi f = \inf \pi f_n$, qui est aussi s.c.s. Maintenant, si f est le sup d'une suite croissante (f_n) de fonctions s.c.s., on sait calculer aussi $\pi f = \sup \pi f_n$, qui est encore le sup d'une suite croissante de fonctions s.c.s. Par contre, si f est l'inf d'une suite décroissante de fonctions s.c.i., on ne sait plus calculer πf, car "π" ne commute pas en général avec "inf" (voir cependant le paragraphe 3). Pour la commodité de l'exposé, nous poserons

3 DÉFINITION.- <u>Une fonction borélienne est dite</u> élémentaire <u>si elle est la limite d'une suite décroissante de fonctions, chacune de ces fonctions étant elle-même la limite d'une suite croissante de fonctions s.c.s.</u>

REMARQUES.- 1) L'ensemble des fonctions s.c.s. étant stable pour $(\vee f, \wedge f)$, il est facile de voir que l'on obtient les mêmes fonctions boréliennes si on supprime les adjectifs "croissante" et "décroissante" de la définition. Nous verrons cependant par la suite que la possibilité de prendre des suites croissantes est très importante.

2) On peut restreindre la classe des fonctions boréliennes élémentaires en remplacant "s.c.s." par "continues" : une fonction borélienne élémentaire est alors la limite d'une suite de fonctions s.c.i. (cf la remarque du n.8). Cette possibilité sera mise à profit au chapitre III. Elle a cependant un caractère essentiellement topologique que n'a pas la définition 3 (cf les compléments).

Voici maintenant la définition d'une fonction analytique. Nous verrons bientôt que toute fonction borélienne est analytique.

4 DÉFINITION.- <u>Une fonction</u> g <u>définie sur</u> E <u>est dite</u> analytique <u>s'il existe une fonction borélienne élémentaire</u> f, <u>définie sur un produit</u> ExF, <u>telle que</u> g <u>soit la projection</u> πf <u>de</u> f <u>sur</u> E.

Toute fonction borélienne élémentaire g est analytique : elle est la projection de la fonction borélienne élémentaire $f = g \times 1_F$. D'autre part, si $g = \pi f$, f élémentaire, alors $h = g \times 1_G$ est analytique aussi, puisque c'est la projection de $f \times 1_G$ sur ExG.

Vérifions rapidement que les ensembles analytiques peuvent être définis uniquement à partir d'ensembles élémentaires. Soit f une fonction borélienne élémentaire : il existe, par définition, une suite décroissante (f^m) telle que $f = \inf f^m$, et, pour chaque m, une suite croissante (f_n^m) de fonctions s.c.s. telle que $f^m = \sup f_n^m$. Si $g = \pi f$ est l'indicatrice d'un ensemble, on peut alors remplacer la fonction f_n^m par l'indicatrice du compact $K_n^m = \{f_n^m \geq \frac{1}{2}\}$, sans altérer la projection g (et, si les f_n^m sont continues, on peut remplacer f^m par l'indicatrice de l'ensemble ouvert $U^m = \{f^m > \frac{1}{2}\}$).

Nous verrons d'autre part à la fin du paragraphe suivant qu'une fonction g est analytique si et seulement si l'ensemble $\{g \geq t\}$ est analytique pour tout $t \geq 0$.

2.- STABILITÉ DE L'ENSEMBLE DES FONCTIONS ANALYTIQUES

Afin de ne pas obscurcir la démonstration du théorème suivant par des vérifications simples, mais longues et fastidieuses, nous avons laissé au lecteur le soin de les faire.

5 THÉORÈME.- L'ensemble des fonctions analytiques définies sur E est stable pour $(\vee d, \wedge d, +d, \times d)$ et pour les "lim sup", "lim inf" et limites de suites.

DÉMONSTRATION.- Notons d'abord qu'il faut restreindre les produits dénombrables aux suites (g_n) telles que g_n soit $\leqslant 1$ pour n suffisamment grand, afin d'éviter les problèmes de convergence. Pour démontrer le théorème, il suffit évidemment de démontrer la stabilité pour $(\vee d, \wedge d)$ et de vérifier que la somme et le produit de deux fonctions analytiques est encore analytique. Nous désignerons par (g_n) une suite de fonctions analytiques sur E, et, pour chaque n, par f_n une fonction borélienne élémentaire définie sur un produit $E \times F_n$ telle que $g_n = \pi f_n$ (nous nous permettrons d'écrire "π" toute projection).

i) stabilité pour $(\vee d)$: soit F la somme topologique des espaces metrisables compacts F_n : F est un espace localement compact à base dénombrable, que nous compactifions par un point "∞". Désignons par f la fonction sur $E \times F$ dont la restriction à $E \times F_n$ est égale à f_n : on vérifie aisément que f est une fonction borélienne élémentaire. Comme $\sup g_n = \pi f$ (π projection de $E \times F$ sur E), la fonction $\sup g_n$ est analytique.

ii) stabilité pour $(\wedge d)$: soit F le produit des espaces métrisables compacts F_n : F est un espace métrisable compact. Pour chaque n, soit f'_n la fonction sur $E \times F$ telle que $f'_n(x, y_1, \ldots, y_n, \ldots) = f_n(x, y_n)$.

Il est clair que f'_n est une fonction borélienne élémentaire pour chaque n, et donc aussi $f = \inf f'_n$. Comme $\inf g_n = \pi f$ (π projection de ExF sur E), la fonction $\inf g_n$ est analytique.

iii) <u>stabilité pour somme et produit</u> : soit $F = F_1 x F_2$ et soient f'_1 et f'_2 définies sur ExF par $f'_1(x,y_1,y_2) = f_1(x,y_1)$ et $f'_2(x,y_1,y_2) = f_2(x,y_2)$. Les fonctions f'_1 et f'_2 sont boréliennes élémentaires, ainsi que les fonctions $f'_1+f'_2$ et $f'_1.f'_2$. Par conséquent, la fonction g_1+g_2 (resp $g_1.g_2$), égale à la projection de $f'_1+f'_2$ (resp $f'_1.f'_2$), est analytique.

REMARQUE.- On se gardera de croire que l'ensemble des fonctions analytiques est stable pour les différences, ou les quotients. En général, le complémentaire d'un ensemble analytique <u>n'est pas</u> analytique (voir le théorème 11 du chapitre II).

6 COROLLAIRE.- <u>Toute fonction borélienne est analytique.</u>

DÉMONSTRATION.- Toute fonction continue est borélienne élémentaire, et donc analytique. L'ensemble des fonctions boréliennes étant le plus petit ensemble contenant les fonctions continues et stable pour $(\vee d, \wedge d)$, toute fonction borélienne est analytique.

7 COROLLAIRE.- <u>Pour chaque entier</u> n, <u>soit</u> g_n <u>une fonction analytique définie sur</u> E_n <u>et supposons</u> $g_n \leq 1$ <u>pour</u> n <u>suffisamment grand.</u> <u>La fonction</u> $g = g_1 x \ldots x g_n x \ldots$, <u>définie sur le produit</u> E <u>des</u> E_n, <u>est analytique.</u>

DÉMONSTRATION.- Il suffit d'appliquer le théorème 5 aux fonctions $g'_n(x_1,\ldots,x_n,\ldots) = g_n(x_n)$.

Le théorème suivant montre que l'on a suffisamment étendu l'ensemble des fonctions boréliennes pour obtenir la stabilité par projection.

8 THÉORÈME.- *Si la fonction* g *est analytique sur un produit* $E \times F$, *la projection* πg *de* g *sur* E *est analytique*.

DÉMONSTRATION.- Il existe, par définition, une fonction borélienne élémentaire f, définie sur un produit $(E \times F) \times G$, telle que g soit la projection de f sur $E \times F$. Il suffit alors de remarquer que πg est la projection de f sur E.

REMARQUE.- Si on restreint l'ensemble des fonctions boréliennes élémentaires en remplacant "s.c.s." par "continues" dans la définition 3, les démonstrations des théorèmes 5, 6 et 8 sont encore valables : il en résulte immédiatement qu'on définit avec cet ensemble de fonctions élémentaires les mêmes fonctions analytiques.

9 COROLLAIRE.- *Soit* α *une application borélienne de* E *dans* F. *Si* A *est analytique dans* E (*resp* F), *alors* $\alpha(A)$ (*resp* $\alpha^{-1}(A)$) *est analytique dans* F (*resp* E).

DÉMONSTRATION.- Rappelons que α est borélienne si $\alpha^{-1}(B)$ est borélien dans E pour tout borélien B de F. Soit $\Gamma = \{(x,y) : y = \alpha(x)\}$ le graphe de α dans $E \times F$: c'est l'image réciproque de la diagonale de $F \times F$ par l'application borélienne $(x,y) \rightarrow (\alpha(x),y)$ de $E \times F$ dans $F \times F$. La diagonale étant compacte, Γ est borélien, et donc analytique. Par conséquent, $\alpha(A)$ (resp $\alpha^{-1}(A)$), égal à la projection sur F (resp E) de l'ensemble analytique $\Gamma \cap (A \times F)$ (resp $\Gamma \cap (E \times A)$), est aussi analytique.

Une application continue étant borélienne, nous retrouvons ainsi la définition des ensembles analytiques de l'introduction. Notons encore que l'image directe $\alpha(B)$ d'un borélien de E par l'application borélienne α n'est pas borélienne en général dans F. Elle l'est cependant si α est de plus *injective* (théorème de Souslin-Lusin, dont la démonstration, difficile dans le cas général, est triviale si α est continue).

Voici, pour finir, une caractérisation des fonctions analytiques à l'aide des ensembles analytiques.

10 THÉORÈME. - Une fonction g définie sur E est analytique si et seulement si elle satisfait l'une des conditions suivantes.

a) l'ensemble $\{g>t\}$ (resp $\{g\geq t\}$) est analytique pour tout $t\geq 0$.

b) le sous-graphe ouvert (resp fermé) de g, i.e. l'ensemble

$$\{(x,t)\in E\times\overline{\mathbb{R}}_+ : g(x)>t \text{ (resp} \geq t)\}$$

est analytique dans $E\times\overline{\mathbb{R}}_+$.

DÉMONSTRATION. - Nous allons montrer que (g analytique) => (g vérifie le b)) => (g vérifie le a)) => (g analytique), et nous nous contenterons de le faire pour les inégalités strictes dans a) et b). Supposons g analytique, et soit f une fonction borélienne élémentaire définie sur $E\times F$ telle que $g = \pi f$. Le sous-graphe ouvert de g est égal à la projection sur $E\times\overline{\mathbb{R}}_+$ du sous-graphe ouvert de f : ce dernier étant borélien, celui de g est analytique. Maintenant, si le sous-graphe ouvert A de g est analytique, l'ensemble $\{g>t\}$, égal à la projection sur E de l'ensemble $A\cap(E\times]t,+\infty])$, est aussi analytique pour tout $t\geq 0$. Supposons enfin que l'ensemble $\{g>t\}$ est analytique pour tout $t\geq 0$, et désignons par $h(x,t)$ la valeur de $1_{\{g>t\}}$ en x. Pour x fixé, la fonction $t\to h(x,t)$ est l'indicatrice de l'intervalle $[0,g(x)[$: on a donc $g(x) = \int_0^\infty h(x,t)\,dt$. Il ne reste plus qu'à approcher l'intégrale par des sommes de Riemann pour obtenir la fonction g comme limite d'une suite de fonctions analytiques : la fonction g est donc analytique.

3.- SCHÉMAS DE SOUSLIN

11 Nous utiliserons les notations suivantes : nous désignerons par S (resp Σ) l'ensemble des suites finies (resp infinies) d'entiers. Si s est un élément de S, et t un élément de S ou de Σ , la notation "$s < t$" signifie que t commence par s : par exemple, s = 4,3,7,5 et t = 4,3,7,5,1,8,8 . Si σ est un élément de Σ (ou de S), nous désignerons par σ_1, σ_2, σ_3, ... les termes successifs de la suite σ.

Reprenons maintenant le "calcul" des projections, et revenons au cas de la projection d'une fonction borélienne élémentaire f. Par définition, il existe une suite décroissante (f^m), et pour chaque m, une suite croissante (f^m_n) de fonctions s.c.s. telles que l'on ait

$$f = \inf f^m \qquad f^m = \sup f^m_n$$

Essayons de projeter f : on sait que la projection π commute avec n'importe quel "sup", mais seulement avec les "inf" de suites <u>décroissantes</u> de fonctions <u>s.c.s</u>. En tenant compte de la formule de distributivité entre "sup" et "inf", on a

$$f = \inf_m (\sup_n f^m_n) = \sup \ (\inf_k f^1_{\sigma_1} , f^2_{\sigma_2} , \dots , f^k_{\sigma_k} , \dots)$$

Posons, pour toute suite finie $s = s_1,\dots,s_k$

$$f_s = \inf \ (f^1_{s_1} , f^2_{s_2} , \dots , f^k_{s_k})$$

On a alors

$$f = \sup_{\sigma\in\Sigma} \ (\inf_{s<\sigma} f_s)$$

Pour tout $s\in S$, la fonction f_s est s.c.s., et, pour tout $\sigma\in\Sigma$, la famille $(f_s)_{s<\Sigma}$ est une suite décroissante de fonctions s.c.s.

On obtient alors, pour valeur de πf,

$$g = \pi f = \pi[\sup_{\sigma\in\Sigma} \ (\inf_{s<\sigma} f_s)] = \sup_{\sigma\in\Sigma} \ (\inf_{s<\sigma} \pi f_s) = \sup_{\sigma\in\Sigma} \ (\inf_{s<\sigma} g_s)$$

où $g_s = \pi f_s$ est une fonction s.c.s. pour tout $s\in S$. Une telle représentation de g s'appelle schéma de Souslin. Plus précisément :

12 DÉFINITION.- Soit ϕ un ensemble de fonctions sur E. On appelle schéma de Souslin sur ϕ une application $s \to g_s$ de S dans ϕ telle que $g_s \geq g_t$ pour $s < t$. On appelle noyau du schéma de Souslin $s \to g_s$ la fonction g définie par $g = \sup_{\sigma \in \Sigma} (\inf_{s < \sigma} g_s)$.

Nous avons démontré ci-dessus le résultat suivant :

13 THÉORÈME.- Toute fonction analytique est le noyau d'un schéma de Souslin sur l'ensemble des fonctions s.c.s.

Nous verrons au chapitre IV que le schéma de Souslin particulier que nous avons exhibé ci-dessus a des propriétés remarquables.

Réciproquement, on a

14 THÉORÈME.- Le noyau d'un schéma de Souslin sur l'ensemble des fonctions analytiques est encore une fonction analytique.

DÉMONSTRATION.- Soit $s \to g_s$ un schéma de Souslin où, pour chaque $s \in S$, la fonction g_s est analytique sur E, et soit g son noyau. Nous allons montrer que g est alors la projection d'une fonction analytique f sur ExF, où F désigne l'espace métrisable compact $(\mathbb{N} \cup \{\infty\})^{\mathbb{N}}$, et donc une fonction analytique d'après le théorème 8. Munissons Σ de la topologie produit de $\mathbb{N}^{\mathbb{N}}$, et, pour tout $s \in S$, soit $I_s = \{\sigma \in \Sigma : s < \sigma\}$ Il est facile de voir que I_s est ouvert et fermé dans Σ , et que Σ est l'intersection d'une suite d'ouverts de F : donc Σ et les ensembles I_s sont analytiques dans F. Désignons, pour tout $s \in S$, par $|s|$ la longueur de la suite finie s (i.e. son nombre d'éléments), et posons, pour tout entier n, $f_n = \sup_{|s|=n} (g_s \times 1_{I_s})$. Comme g_s est une fonction analytique pour tout s, et que l'ensemble des s de longueur n est dénombrable, la fonction f_n est aussi analytique. Soit alors $f = \inf f_n$: f est analytique sur ExF, et nous allons vérifier que le noyau g est égal à la projection πf de f sur E.

Faisons d'abord la remarque suivante : si s et t sont deux suites finies, alors $I_s \cap I_t = \emptyset$, sauf si $s < t$ ou $t > s$, auquel cas on a $I_s \supset I_t$ ou $I_s \subset I_t$. Appliquons maintenant la formule de distributivité entre "sup" et "inf" dans l'égalité $f = \inf_n \left(\sup_{|s|=n} (g_s \times 1_{I_s})\right)$.
Etant données les propriétés des I_s indiquées ci-dessus, on a

$$f = \sup_{\sigma \in \Sigma} \left(\inf_k (g_{\sigma|1} \times 1_{I_{\sigma|1}}), \ldots , (g_{\sigma|k} \times 1_{I_{\sigma|k}}), \ldots \right)$$

où $\sigma|k$ désigne la suite finie (de longueur k) $\sigma_1, \sigma_2, \ldots ,\sigma_k$. D'où, finalement,

$$f = \sup_{\sigma \in \Sigma} \left((\inf_{s<\sigma} g_s) \times 1_{\{\sigma\}} \right)$$

Il est alors clair que l'on a $g = \pi f$.

4.- LA MÉTHODE SYMBOLIQUE DE KURATOWSKI ET TARSKI

Nous nous contentons ici d'une "initiation pratique" à cette méthode, sans nous étendre sur les différentes classes boréliennes et projectives.

15 NOTATIONS ET TERMINOLOGIE.- Soit X un symbole variable, désignant une propriété de classe d'ensembles : par exemple, suivant les notations consacrées, X = $\underline{\underline{G}}$ = "ouvert", X = $\underline{\underline{F}}$ = "fermé", X = $\underline{\underline{K}}$ = "compact", X = $\underline{\underline{A}}$ = "analytique". Nous dirons qu'un ensemble est CX (resp PX) s'il est le complémentaire (resp la projection) d'un ensemble X, qu'il est X_σ (resp X_δ) s'il est la réunion (resp intersection) d'une suite d'ensembles X : ainsi, un C$\underline{\underline{K}}$ est $\underline{\underline{G}}$, un P$\underline{\underline{G}}_\delta$ est $\underline{\underline{A}}$. Enfin, si Y est un autre symbole variable, nous dirons qu'un ensemble est $X \cup Y$ (resp $X \cap Y$) s'il est la réunion (resp intersection) d'un ensemble X et d'un ensemble Y (on notera que "être $X \cup Y$" <u>ne veut pas dire</u> "être X ou Y", etc). Nous supposerons toujours, d'autre part, qu'un symbole X satisfait à la condition suivante : <u>si l'ensemble</u> M <u>est</u> X <u>dans</u> E, <u>alors</u> MxF <u>est aussi</u> X <u>dans</u> ExF.

16 RÈGLES ÉLÉMENTAIRES.- Nous désignons ici par $\alpha(x)$, $\beta(x,y)$ etc des fonctions propositionnelles, où $x \in E$, $(x,y) \in E \times F$ etc. On a les règles suivantes, à peu près évidentes

1) Si $\{x : \alpha(x)\}$ est X, alors $\{x : \text{non } \alpha(x)\}$ est CX.

2) Si $\{x : \alpha(x)\}$ est X et si $\{x : \beta(x)\}$ est Y,
alors $\{x : \alpha(x) \text{ ou } \beta(x)\}$ est $X \cup Y$ et $\{x : \alpha(x) \text{ et } \beta(x)\}$ est $X \cap Y$.

3) Si, pour tout entier n, $\{x : \alpha_n(x)\}$ est X,
alors $\{x : \exists n \; \alpha_n(x)\}$ est X_σ et $\{x : \forall n \; \alpha_n(x)\}$ est X_δ .

4) Si $\{x : \alpha(x)\}$ est X, alors $\{(x,y) : \alpha(x)\}$ est X.

5) Si $\{(x,y) : \beta(x,y)\}$ est X,
alors $\{x : \exists y \; \beta(x,y)\}$ est PX et $\{x : \forall y \; \beta(x,y)\}$ est CPCX

On a enfin les règles simplificatrices suivantes (dues au fait que nos espaces sont métrisables compacts)

6) $\underline{\underline{F}} = \underline{\underline{K}}$, donc $P\underline{\underline{F}} = P\underline{\underline{K}} = \underline{\underline{K}}$ et $P\underline{\underline{F}}_\sigma = P\underline{\underline{K}}_\sigma = \underline{\underline{K}}_\sigma$
$\underline{\underline{G}} = C\underline{\underline{K}}$, donc $CPC\underline{\underline{G}} = \underline{\underline{G}}$ et $CPC\underline{\underline{G}}_\delta = \underline{\underline{G}}_\delta$.

Tout cela semble bien facile, mais, comme nous allons le voir dans quelques exemples, il faut une certaine ingéniosité pour trouver la "bonne" formule logique, et une certaine pratique pour appliquer ces règles en cascade.Notons aussi qu'un ensemble peut avoir plusieurs définitions qui conduisent à des résultats plus ou moins précis.

17 EXEMPLES.- 1) Nous appellerons *topologie fine* sur un produit $E \times F$ le produit de la topologie métrisable compacte de E par la topologie discrète de F : ainsi une partie H de $E \times F$ est finement fermée (i.e. fermée pour la topologie fine) si, pour tout $y \in F$, la coupe H(y) de H suivant y est fermée dans E. Ceci dit, on a
"Si A est analytique dans $E \times F$, son adhérence fine $\overline{A}^f$ l'est aussi"

En effet, désignons par d une distance sur E compatible avec sa topologie; en symboles logiques, on a

$$(x,y)\in \overline{A}^f \Leftrightarrow \forall n \quad \exists x'\in E \quad d(x,x')<\frac{1}{n} \quad \text{et} \quad (x',y)\in A$$

L'ensemble $\{(x,x',y) : d(x,x')<1/n\}$ est $\underline{\underline{G}}$ et l'ensemble $\{(x,x',y)\in A\}$ est $\underline{\underline{A}}$ (règle 4)). En appliquant successivement les règles 2),5) et 3), on obtient que $\overline{A}^f$ est $[P(\underline{\underline{G}} \cap \underline{\underline{A}})]_\delta$ et donc $\underline{\underline{A}}$.

L'intérieur fin d'une partie analytique de ExF est, en général, seulement $CPC\underline{\underline{A}}$; cependant, on a

"Si A est analytique et finement fermé dans ExF, son intérieur fin $\mathring{A}^f$ est analytique"

En effet, désignons par (U_m) une base dénombrable d'ouverts de E et, pour chaque entier m, par $(U_{m,n})$ une base dénombrable d'ouverts de U_m telle que $\overline{U}_{m,n}$ soit contenu dans U_m pour chaque n. Désignons enfin, pour chaque couple d'entiers (m,n), par $(x_{m,n,k})$ une suite de points de $U_{m,n}$, partout dense dans $U_{m,n}$. Un fermé K de E contient alors l'ouvert U_m (m fixé) si et seulement s'il contient $\overline{U}_{m,n}$ pour tout n, et donc si et seulement s'il contient $x_{m,n,k}$ pour tout n et tout k. Ainsi, en symboles logiques, on a, si A est finement fermé

$$(x,y)\in \mathring{A}^f \Leftrightarrow \exists m \; [x\in U_m \quad \text{et} \quad (\forall n \; \forall k \; (x_{m,n,k}, y) \in A)]$$

D'après 4) et 3), la fonction propositionnelle entre parenthèses du crochet définit un $\underline{\underline{A}}_{\delta\delta}$ et donc un $\underline{\underline{A}}$. Alors, d'après 2) et 3), (et aussi 4) que nous passerons sous silence désormais), l'intérieur fin de A est un $(\underline{\underline{G}} \cap \underline{\underline{A}})_\sigma$ et donc un $\underline{\underline{A}}$.

Dans les deux derniers exemples (empruntés à Kuratowski [ ]), l'espace E est le segment [0,1].

2) <u>Points initiaux</u> : Soit A une partie de ExF. On dit que (x,y) est un point initial de A si $x = \inf \{x'\in E : (x',y)\in A\}$ (où l'on convient que $\inf \emptyset = 1$ dans [0,1]). On a alors

"Si A est analytique, l'ensemble A_i de ses points initiaux est $C\underline{\underline{A}}$"

En effet, en symboles logiques, on a

$(x,y)\in A_i \Leftrightarrow \forall x'\in E\ [x' < x \Rightarrow (x',y)\notin A] \Leftrightarrow \forall x'\ [x' \geq x \quad \text{ou} \quad (x',y)\notin A]$

En appliquant les règles 2) et 5), on trouve que l'ensemble A_i est $CPC[\underline{\underline{K}} \cup C\underline{\underline{A}}] = CP[\underline{\underline{G}} \cap \underline{\underline{A}}] = C\underline{\underline{A}}$. Supposons de plus que A est $\underline{\underline{K}}_\sigma$: alors A_i est $CPC[\underline{\underline{G}}_\delta] = \underline{\underline{G}}_\delta$ (cf règle 6)), et donc la projection H de $A \cap A_i$ sur F est $P[\underline{\underline{K}}_\sigma \cap \underline{\underline{G}}_\delta] = \underline{\underline{A}}$. En fait, on peut démontrer que H est $\underline{\underline{G}}_{\delta\sigma}$ (si A est $\underline{\underline{K}}_\sigma$) : pour obtenir ce résultat plus précis, il faut utiliser une "meilleure" définition de H. Soit (K_n) une suite croissante de compacts de ExF, de réunion égale à A. On a alors

$y\in H \Leftrightarrow \exists x\ (x,y)\in A \text{ et } \exists n\, \forall k\, \forall x\ [(x,y)\in K_{n+k} \Rightarrow \exists x'\ (x',y)\in K_n \text{ et } x' \leq x]$

Le second membre de l'implication du crochet définit un $P[\underline{\underline{K}} \cap \underline{\underline{K}}] = \underline{\underline{K}}$, le crochet définit donc un $\underline{\underline{G}} \cap \underline{\underline{K}} = \underline{\underline{G}}_\delta$, d'où finalement l'ensemble H est un $[P\underline{\underline{K}}_\sigma] \cap [CPC\underline{\underline{G}}_\delta]_{\delta\sigma} = \underline{\underline{K}}_\sigma \cap \underline{\underline{G}}_{\delta\sigma} = \underline{\underline{G}}_{\delta\sigma}$.

3) <u>Crible de Lusin</u> : Soit A une partie de ExF. On considère l'ensemble A_{cr} des $y\in F$ tels que la coupe A(y) de A suivant y ne soit pas bien ordonnée, ce qui revient à dire que A(y) contient une suite décroissante (injective). On a alors

"Si A est analytique, l'ensemble A_{cr} est analytique"

En effet, en symboles logiques on a

$y\in A_{cr} \Leftrightarrow \exists x\ \forall n\ \exists x'\ [(x',y)\in A \quad \text{et} \quad x < x' < x+\frac{1}{n}]$

est donc A_{cr} est $P[(P(A \cap \underline{\underline{G}}))_\delta] = \underline{\underline{A}}$.

Nous verrons de nombreux autres exemples d'applications au cours des démonstrations de théorèmes dans les chapitres suivants.

5.- COMPLÉMENTS

A : FONCTIONS ANALYTIQUES. CAS ABSTRAIT.

Dans cette section, E, F etc désignent des ensembles sans structure topologique.

18 Un *pavage* sur E est un ensemble de fonctions $\underline{\underline{E}}$ sur E contenant la fonction 0 et stable pour $(\vee f, \wedge f)$: le couple $(E,\underline{\underline{E}})$ est appelé *espace pavé*. Un pavage $\underline{\underline{K}}$ est dit *compact* s'il est constitué par des ensembles et si toute suite décroissante d'éléments non vides de $\underline{\underline{K}}$ a une intersection non vide. Soient $(E,\underline{\underline{E}})$ et $(K,\underline{\underline{K}})$ deux espaces pavés où $\underline{\underline{K}}$ est compact : on appelle *pavage produit* de $\underline{\underline{E}}$ et $\underline{\underline{K}}$ le pavage $\underline{\underline{E}}\times\underline{\underline{K}}$ sur ExK constitué par les sup de suites finies de fonctions de la forme $(f \times 1_L)$ où f (resp L) appartient à $\underline{\underline{E}}$ (resp $\underline{\underline{K}}$) (le fait que $\underline{\underline{K}}$ soit constitué d'ensembles assure que l'on a $\inf [(f_1 \times 1_{L_1}),(f_2 \times 1_{L_2})] = (f_1 \wedge f_2, 1_{L_1} \wedge 1_{L_2})$).

Les définitions et théorèmes suivants sont empruntés à MEYER [ ], auquel nous renvoyons pour les démonstrations (en tout point analogues à celles que nous avons données dans le cas topologique, pour la bonne raison que ces dernières ont été calquées sur celles de MEYER !)

19 DÉFINITION.- *Soit* $(E,\underline{\underline{E}})$ *un espace pavé. Une fonction* g *définie sur* E *est dite* $\underline{\underline{E}}$*-analytique s'il existe un espace pavé auxiliaire* $(K,\underline{\underline{K}})$, *où* K *est compact, et un élément* f *de* $(\underline{\underline{E}}\times\underline{\underline{K}})_{\sigma\delta}$ *tel que* g *soit égale à la projection* πf *de* f *sur* E.

On a alors le théorème de stabilité

20 THÉORÈME.- L'ensemble des fonctions $\underline{\underline{E}}$-analytiques est stable pour ($\bigvee$d, $\bigwedge$d), et donc pour les "lim sup", "lim inf" et limites de suites.

L'ensemble $\underline{\underline{A}}(\underline{\underline{E}})$ des fonctions $\underline{\underline{E}}$-analytiques est un nouveau pavage sur E, contenant $\underline{\underline{E}}$, et le théorème 8 prend ici la forme suivante

21 THÉORÈME.- Soient (E, $\underline{\underline{E}}$) un espace pavé et (K, $\underline{\underline{K}}$) un espace pavé compact

a) La projection sur E d'une fonction ($\underline{\underline{E}}x\underline{\underline{K}}$)-analytique sur ExK est analytique sur E.

b) L'ensemble des fonctions $\underline{\underline{A}}(\underline{\underline{E}})$-analytiques coïncide avec celui des fonctions $\underline{\underline{E}}$-analytiques.

Enfin, on peut définir des schémas de Souslin, et on démontre comme aux n.13 et 14

22 THÉORÈME.- Soit (E, $\underline{\underline{E}}$) un espace pavé.

a) Toute fonction $\underline{\underline{E}}$-analytique est le noyau d'un schéma de Souslin sur $\underline{\underline{E}}$.

b) Le noyau d'un schéma de Souslin sur $\underline{\underline{A}}(\underline{\underline{E}})$ est une fonction $\underline{\underline{E}}$-analytique.

B : ENSEMBLES ANALYTIQUES. CAS TOPOLOGIQUE.

Nous nous contenterons de définir ici des ensembles analytiques, et de présenter deux définitions topologiques non équivalentes (pour d'autres définitions et les comparaisons de ces définitions, on pourra consulter FROLIK [ ]).

Ensembles sousliniens (cf BOURBAKI [ ])

Rappelons d'abord la définition d'un espace polonais.

23 DÉFINITION.- Un espace topologique P est dit polonais s'il est métrisable, à base dénombrable, et s'il existe une distance sur P, compatible avec sa topologie, pour laquelle P est complet.

On sait que tout ensemble $\underline{\underline{G}}_\delta$ d'un espace polonais est encore polonais, et que tout espace polonais est homéomorphe à un $\underline{\underline{G}}_\delta$ de l'espace compact métrisable $[0,1]^{\mathbb{N}}$.

24 DÉFINITION.- Un espace topologique séparé E est dit souslinien s'il existe un espace polonais P et une application continue et surjective α de P sur E.

On a les propriétés de stabilité suivantes

25 THÉORÈME.- a) Toute somme dénombrable et tout produit dénombrable d'espaces sousliniens est souslinien.

b) Un espace topologique séparé, image d'un espace souslinien par une application continue et surjective est encore souslinien.

c) L'ensemble des parties sousliniennes d'un espace séparé est stable pour $(\bigcup d, \bigcap d)$, et, de plus, si l'espace est souslinien, contient la tribu des parties boréliennes.

On sait qu'un espace souslinien métrisable est homéomorphe à une partie analytique (au sens du n.4) de $[0,1]^{\mathbb{N}}$. D'une manière générale, les parties sousliniennes d'un espace polonais coïncident avec les noyaux des schémas de Souslin sur les parties fermées (ceux sur les parties compactes donnant les parties sousliniennes contenues dans un $\underline{\underline{K}}_\sigma$). En particulier, les parties sousliniennes d'un espace métrisable compact coïncident avec les parties analytiques telles que nous les avons définies.

Ensembles analytiques (cf CHOQUET [ ] et [ ])

26 DÉFINITION.- Un espace topologique séparé E est dit analytique s'il existe un espace compact auxiliaire K, un sous-espace L de K qui est $K_{\sigma\delta}$ dans K, et une application continue et surjective α de L sur E.

Les espaces analytiques au sens de Choquet satisfont aux propriétés de stabilité du n.25 : on peut remplacer partout dans le théorème 25 "souslinien" par "analytique". Les espaces sousliniens sont analytiques, mais la réciproque est fausse. Cependant, les sous-espaces analytiques d'un espace polonais coïncident avec les sous-espaces sousliniens. En particulier, les sous-espaces analytiques au sens de Choquet d'un espace métrisable compact coïncident avec les parties analytiques telles que nous les avons définies au n.4.

Ensembles sousliniens et boréliens

Le cadre de l'analyse fonctionnelle fournit des exemples naturels d'ensembles analytiques qui ne soient pas boréliens. Ainsi, dans l'ensemble des fonctions continues sur [0,1] muni de la topologie de la convergence uniforme (qui est un Banach séparable, donc un espace polonais), l'ensemble des fonctions dérivables partout est le complémentaire d'un ensemble souslinien qui n'est pas borélien (résultat dû à Mazurkiewicz).

CHAPITRE II : CAPACITÉS

Nous allons considérer dans les chapitres II, III et IV, diverses applications pouvant être définies soit sur l'ensemble des parties d'un espace E, soit sur celui des fonctions définies sur E. Nous noterons indifféremment $\phi(E)$ l'un de ces ensembles, laissant au lecteur le soin de distinguer sa signification dans certains cas.

Une capacité sur E est une fonction définie sur $\phi(E)$ et vérifiant les propriétés fondamentales d'une projection (cf le n.2 du chap I). Dans le premier paragraphe, on donne des définitions et des exemples. Au cours du second, on démontre un théorème de capacitabilité : si I est une capacité, et f une fonction analytique, alors $I(f) = \sup I(g)$, g s.c.s., $g \leq f$; et on donne des applications de ce théorème dans le troisième (on démontre en particulier le théorème de séparation des ensembles analytiques). Le quatrième est consacré à la construction de certaines capacités (dites fortement sous-additives) et le dernier contient des compléments.

1.- DÉFINITIONS. EXEMPLES.

1 DÉFINITION.- Une fonction I sur $\phi(E)$ est une précapacité sur E si on a

a) Si $f \leq g$, alors $I(f) \leq I(g)$

b) Si (f_n) est une suite croissante, alors $I(\sup f_n) = \sup I(f_n)$

La précapacité I est une capacité sur E si on a, de plus,

c) Si (g_n) est une suite décroissante de fonctions s.c.s., alors

$$I(\inf g_n) = \inf I(g_n)$$

REMARQUES.- 1) Si D est un espace localement compact à base dénombrable, on suppose de plus dans c) que les g_n sont à support compact. Une capacité I sur D se prolonge alors au compactifié $E = D \cup \{\infty\}$ en posant $I(f) = +\infty$ pour $f \in \Phi(E)$ telle que $f(\infty) \neq 0$.

2) Si la capacité I n'est définie que sur les parties et si $I(\emptyset) = 0$ et $I(E) < +\infty$, on la prolonge aux fonctions en posant $I(f) = \int I\{f > t\}\, dt$ (si $I(E) = +\infty$, on pose $I(f) = \alpha^{-1}[\int \alpha(I\{f > t\})\, dt]$, $\alpha(t) = \frac{4}{\pi}$ Arc tg t).

2 DÉFINITION.- Soit I une précapacité sur E. On dit que $f \in \Phi(E)$ est I-capacitable si l'on a $I(f) = \sup I(g)$, g s.c.s., $g \leq f$.

Une fonction qui est capacitable pour toute capacité est dite universellement capacitable : nous verrons bientôt que toute fonction analytique est universellement capacitable.

Nous donnerons au paragraphe suivant quelques exemples de précapacités qui ne sont pas des capacités, et nous donnons ici quelques exemples importants de capacités. Nous en verrons d'autres par la suite.

3 EXEMPLES.- 1) Le premier sera le plus simple, et, en un certain sens, l'exemple fondamental (cf l'appendice 1). Pour toute partie A de E, posons $I(A) = 0$ si $A = \emptyset$, et $I(A) = 1$ sinon : la fonction I ainsi définie est évidemment une capacité (remarquer que la propriété c) du n.1 exprime la compacité de l'espace E). Le prolongement de I aux fonctions donne : $I(f) = \sup f(x)$, $x \in E$. Plus généralement, si K est un compact de E, la fonction I_K définie par $I_K(f) = \sup f(x)$, $x \in K$, est une capacité. Bien que toutes les fonctions soient trivialement capacitables pour ces capacités, on a des théorèmes de capacitabilité non triviaux pour des capacités aussi simples (voir le chapitre V).

2) Soit d une distance compatible avec la topologie de E. La fonction qui à chaque partie de E associe son diamètre pour d est une capacité.

3) L'exemple suivant sera sans doute le plus familier pour beaucoup de lecteurs. Soit λ une mesure sur E. La mesure extérieure λ^* définie par $\lambda^*(A) = \inf \lambda(B)$, B borélien, $B \supset A$ est une capacité. (D'une manière générale, si I est une fonction définie seulement sur les boréliens de E, et vérifiant les conditions du n.1, on peut prolonger I en une capacité en posant, comme ci-dessus, $I(A) = \inf I(B)$, B borélien, $B \supset A$, pour toute partie A de E).

4) En combinant les exemples 1) et 3), on obtient un type de capacité rencontré fréquemment en théorie des processus stochastiques. Soient ExF un produit, et λ une mesure sur E. Posons, pour toute partie A de ExF, $I(A) = \lambda^*[\pi(A)]$ où π est la projection sur E. La fonction I ainsi définie est une capacité sur ExF. Plus généralement, soit α une application continue de G dans E, et soit J une capacité sur E. La fonction I définie par $I(A) = J[\pi(A)]$, A partie de G, est une capacité sur G.

5) Il convient évidemment de citer l'exemple historique de capacité : la capacité newtonienne. Soit K un compact de $\mathbb{R}^3$, et désignons par I(K) la borne supérieure des masses des mesures λ portées par K et de potentiel ≤ 1 partout (rappelons que le potentiel de la mesure λ est la fonction $U\lambda$ définie par $U\lambda(x) = \int \|x - x'\| \, d\lambda(x')$). On montre que la fonction I définie ainsi sur les compacts vérifie la condition c) du n.1, et l'inégalité suivante : $I(K \cup L) + I(K \cap L) \leq I(K) + I(L)$. On peut alors prolonger I en une capacité de la manière suivante (cf le paragraphe 4) : si U est ouvert, $I(U) = \sup I(K)$, $K \subset U$ et, si A est une partie quelconque, $I(A) = \inf I(U)$, U ouvert, $U \supset A$.

2.- LE THÉORÈME DE CAPACITABILITÉ

Quoique le théorème de capacitabilité ne soit pas vrai en général pour les precapacités, l'étape essentielle de sa démonstration est un théorème "d'approximation par en dessous" pour les précapacités prenant les valeurs 0 ou 1 :

4 THÉORÈME (de Sion).- *Soit* J *une précapacité à valeurs dans* {0,1}. *Si* f *est une fonction analytique telle que* J(f) = 1, *alors il existe une suite décroissante* (g_n) *de fonctions s.c.s. satisfaisant aux conditions suivantes*

a) *on a* $J(g_n) = 1$ *pour tout* n

b) *la fonction s.c.s.* $g = \inf g_n$ *est majorée par* f.

DÉMONSTRATION.- Nous allons d'abord montrer que l'on peut supposer que f est une fonction borélienne élémentaire. En effet, soit h une telle fonction, définie sur un produit ExF, telle que f soit la projection πh de h sur E. Supposons démontré le théorème dans le cas des fonctions boréliennes élémentaires : comme la fonction $\varphi \to J[\pi(\varphi)]$ est aussi une précapacité sur ExF, et à valeurs 0 ou 1, il existe une suite décroissante (φ_n) de fonctions s.c.s. sur ExF telle que $J[\pi(\varphi_n)] = 1$ pour tout n et que $\inf \varphi_n \leq h$. Il ne reste plus qu'à poser $g_n = \pi(\varphi_n)$, puisque $\pi(\inf \varphi_n) = \inf \pi(\varphi_n)$. Nous pouvons donc supposer que f est une fonction borélienne élémentaire : il existe alors une suite décroissante (f^m), et, pour chaque m, une suite croissante (f^m_n) de fonctions s.c.s. telles que $f = \inf f^m$ et $f^m = \sup f^m_n$. Comme $f \wedge f^1 = f$, on a $J(f \wedge f^1) = 1$: d'après le b) du n.1, il existe un entier n_1 tel que l'on ait aussi $J(f \wedge f^1_{n_1}) = 1$. Raisonnons par récurrence, et supposons demontrée l'existence d'une suite finie d'entiers $n_1, \dots, n_k$ telle que l'on ait

$$J(f \wedge f^1_{n_1} \wedge \dots \wedge f^k_{n_k}) = 1$$

et désignons par h^k la fonction entre parenthèses. Comme $h^k \wedge f^{k+1} = h^k$, on a $J(h^k \wedge f^{k+1}) = 1$: d'après le b) du n.1, il existe alors un entier n_{k+1} tel que $J(f \wedge f^1_{n_1} \wedge \dots \wedge f^k_{n_k} \wedge f^{k+1}_{n_{k+1}}) = 1$. Posons pour tout entier k

$$g_k = \inf (f^1_{n_1}, f^2_{n_2}, \dots, f^k_{n_k})$$

On définit ainsi une suite décroissante (g_k) de fonctions s.c.s. telle que $J(g_k) = 1$ pour tout k (cf le a) du n.1), et il est clair que $\inf g_k$ est majorée par f.

La définition d'une précapacité ne nous donnant aucune information sur le comportement de J pour les suites décroissantes, il peut arriver que l'on ait $J(g) = 0$ ou $J(g) = 1$. Voici un exemple de chacune de ces possibilités :

1) Soit $E = [0,1]$, et prenons pour précapacité J la fonction qui vaut 0 sur les ensembles de la 1ère catégorie de Baire (i.e. contenus dans une réunion dénombrable de compacts d'intérieur vide) et 1 sur les autres. L'ensemble A des irrationnels n'est pas de 1ère catégorie, mais tout compact contenu dans A est d'intérieur vide, et donc de première catégorie.

2) Prenons pour précapacité J la fonction qui vaut 0 sur les ensembles au plus dénombrables et 1 sur les autres : J n'est pas une capacité, et pourtant nous verrons au chapitre V que tout ensemble analytique est J-capacitable.

Voici maintenant le théorème de capacitabilité. Pour le lecteur familier avec la théorie des mesures extérieures de Carathéodory, je voudrais signaler, pour qu'il apprécie l'originalité de ce théorème, que la capacité newtonienne est une mesure extérieure, mais que les seuls boréliens mesurables au sens de Carathéodory sont triviaux (i.e. de capacité nulle, ou à complémentaire de capacité nulle).

5 THÉORÈME (de Choquet).- Les fonctions analytiques sont universellement capacitables.

DÉMONSTRATION.- Soient I une capacité et f une fonction analytique. Nous devons montrer que, pour tout $t < I(f)$, il existe une fonction s.c.s. $g \leq f$ telle que $I(g) \leq t$. Fixons t, et soit J_t la précapacité définie par : $J_t(h) = 1$ si $I(h) > t$, et $= 0$ sinon. D'après le théorème précédent, il existe une suite décroissante (g_n) de fonction s.c.s. telle que $J_t(g_n) = 1$ pour tout n et que $g = \inf g_n$ soit majorée par f. Etant donnée le c) du n.1, on a alors $I(g) = \inf I(g_n) \geq t$.

REMARQUE.- Il est facile de voir que la projection d'une fonction universellement capacitable est encore universellement capacitable. On ne connait cependant aucune autre propriété de stabilité de ces fonctions, le problème crucial étant celui-ci : si f (resp g), définie sur E (resp F) est universellement capacitable, le produit tensoriel (fxg) est-il universellement capacitable sur ExF ? Nous verrons d'autre part au cours du paragraphe suivant qu'il existe des complémentaires d'ensembles analytiques qui ne sont pas universellement capacitables.

3.- APPLICATIONS

Applications à la théorie de la mesure

En appliquant le théorème de Choquet à l'exemple 3 du n.3, on obtient le théorème classique de Lusin

6 THÉORÈME.- Les ensembles analytiques sont universellement mesurables.

DÉMONSTRATION.- Soient A un ensemble analytique dans E, et λ une mesure sur E. Rappelons que A est dit λ-mesurable s'il existe deux boréliens B_1 et B_2 tels que $B_1 \subset A \subset B_2$ et que $\lambda(B_2 - B_1) = 0$. Il existe évidemment un borélien $B_2 \supset A$ tel que $\lambda^*(A) = \lambda(B_2)$, et, d'après le théorème 5, il existe un borélien $B_1 \subset A$, égal à la réunion d'une suite de compacts, tel que $\lambda^*(A) = \lambda(B_1)$: donc $\lambda(B_2 - B_1) = 0$.

7 COROLLAIRE.- Soit A une partie analytique de $[0,1]\times F$, et posons, pour tout $y \in F$, $D_A(y) = \inf\{t \in [0,1] : (x,t) \in A\}$. La fonction D_A ainsi définie sur F est universellement mesurable.

DÉMONSTRATION.- Pour tout t, l'ensemble $\{D_A < t\}$ est la projection sur F de l'ensemble analytique $A \cap ([0,t[\times F)$, et donc analytique (la fonction D_A n'est pas analytique, mais $1 - D_A$ l'est).

Les analogues abstraits de ce théorème et du théorème suivant jouent un rôle important en théorie des processus stochastiques.

8 THÉORÈME.- Soient A une partie analytique de $[0,1]\times F$, et λ une mesure sur F. Pour tout $\alpha > 0$, il existe un compact K de F et une fonction s.c.s. f définie sur K , à valeurs dans $[0,1]$, tels que

a) K est contenu dans la projection $\pi(A)$ de A sur F et l'on a

$$\lambda[\pi(A)] < \lambda(K) + \alpha$$

b) le graphe $\{(t,y) \in [0,1]\times K : f(y) = t\}$ de f est contenu dans A.

DÉMONSTRATION.- Appliquons le théorème de Choquet à l'exemple 4 du n.3 : la capacité $I(H)$ de la partie H de $[0,1]xF$ est égale à $\lambda^*[\pi(H)]$. Pour $\alpha > 0$ fixé, il existe un compact L de $[0,1]xF$, contenu dans A, tel que $I(A) < I(L)+\alpha$. Il suffit alors de poser $K = \pi(L)$ et $f = D_L$ (définie au n.7; nous laissons au lecteur le soin de vérifier que D_L est s.c.s. si L est compact).

9 COROLLAIRE.- Sous les mêmes hypothèses, il existe un ensemble $B \subset \pi(A)$, égal à la réunion d'une suite de compacts, et une fonction borélienne élémentaire f, définie sur B et à valeurs dans $[0,1]$, tels que l'on ait $B = \pi(A)$ λ-p.p. et que le graphe de f soit contenu dans A.

DÉMONSTRATION.- Posons $A = A_1$, et soient K_1 et f_1 un compact et une fonction s.c.s. satisfaisant aux conditions du théorème précédent pour $\alpha = 2^{-1}$. Posons alors $A_2 = A \cap ([0,1]xK_1^c)$ et appliquons de nouveau le théorème précédent avec $\alpha = 2^{-2}$. Par récurrence, on construit ainsi une suite de compacts (K_n) disjoints de F contenus dans $\pi(A)$, et une suite de fonctions s.c.s. (f_n) définies sur K_n et dont les graphes sont contenus dans A. Il suffit alors de poser $B = \cup K_n$ et de prendre pour f la fonction sur B dont la restriction à K_n est égale à f_n.

REMARQUE.- Même si A est borélien dans $[0,1]xF$, on ne peut en général avoir une "section" complète de A par un graphe de fonction borélienne. Cependant, on peut montrer que, pour A analytique, il existe une fonction f, mesurable si on munit F de la tribu engendrée par les ensembles analytiques, dont le graphe est une section complète de A (cf HOFFMANN-JØRGENSEN [ ]). Une telle fonction est universellement mesurable d'après le théorème 6.

Application à la théorie des ensembles analytiques

Nous allons voir maintenant que le théorème de Lusin sur la séparation des ensembles analytiques est une conséquence simple du théorème de Choquet

10 THÉORÈME.- Soient A_1 et A_2 deux parties analytiques disjointes de E. Il existe alors deux boréliens disjoints B_1 et B_2 de E tels que B_1 contienne A_1 et B_2 contienne A_2.

DÉMONSTRATION.- Deux parties A_1 et A_2 vérifiant la propriété de l'énoncé seront dites séparables par des boréliens, et séparées par les boréliens B_1 et B_2. Soient $F = E \times E$ et π_1 (resp π_2) la projection de F sur le premier (resp second) facteur E. Posons, pour toute partie H de F, $I(H) = 0$ si $\pi_1(H)$ et $\pi_2(H)$ sont séparables par des boréliens dans E, et $I(H) = 1$ sinon. La fonction I ainsi définie est une capacité sur F. La condition a) du n.1 est trivialement vérifiée. Vérifions b) : soit (H_n) une suite croissante telle que $I(H_n) = 0$ pour tout n, et, pour chaque n, soient B_n^1 et B_n^2 deux boréliens de E séparant $\pi_1(H_n)$ et $\pi_2(H_n)$. On vérifie aisément que les boréliens $B^i = \bigcup_m \bigcap_{n \geq m} B_n^i$, $i = 1,2$, séparent les projections $\pi_i(\bigcup H_n)$, $i = 1,2$, et donc $I(\bigcup H_n) = 0$. Vérifions enfin c). Soient (K_n) une suite décroissante de compacts telle que $I(K_n) = 1$ pour tout n : cela signifie simplement que les compacts $\pi_1(K_n)$ et $\pi_2(K_n)$ ne sont pas disjoints dans E, pour tout n. Il est alors clair que $\pi_1(\bigcap K_n)$ et $\pi_2(\bigcap K_n)$ ne sont pas disjoints, et donc que $I(\bigcap K_n) = 1$. Soient maintenant A_1 et A_2 deux parties analytiques disjointes de E, et soit $A = A_1 \times A_2$: A est analytique dans F, et donc on a $I(A) = \sup I(K)$, K compact, $K \subset A$. Comme on a évidemment $I(K) = 0$ pour tout compact $K \subset A$, on en déduit que A_1 et A_2 sont séparables.

REMARQUES.- 1) Il existe des complémentaires d'analytiques disjoints qui ne sont pas séparables par des boréliens (cf SIERPINSKI [ ]). Par conséquent, il existe des complémentaires d'analytiques qui ne sont pas universellement capacitables.

2) On peut utiliser le même schéma de démonstration (avec un produit dénombrable de copies de E) pour démontrer la généralisation suivante, due à Novikov et Liapunov : si (A_n) est une suite de parties analytiques de E telle que $\bigcap A_n$ soit vide, il existe une suite (B_n) de boréliens de E telle que B_n contienne A_n pour tout n et que $\bigcap B_n$ soit vide.

11 COROLLAIRE.- Soit (A_n) une suite de parties analytiques de E, deux à deux disjointes, et de réunion égale à E. Les ensembles A_n sont alors boréliens dans E.

DÉMONSTRATION.- Fixons l'entier k : l'ensemble A_k ainsi que son complémentaire $\bigcup_{n \neq k} A_n$ sont analytiques (et disjoints). Il résulte du théorème de séparation qu'ils sont alors boréliens.

12 COROLLAIRE.- Soit α une application borélienne et surjective de E sur F, et soit A une partie analytique de F. Si $\alpha^{-1}(A)$ est borélienne dans E, alors A est borélienne dans F.

DÉMONSTRATION.- en effet, le complémentaire de A est égal à l'image par α du borélien complémentaire de $\alpha^{-1}(A)$ dans E : le complémentaire de A est donc aussi analytique dans F.

4.- CONSTRUCTION DE CAPACITÉS

Il arrive souvent qu'une fonction d'ensembles (ou plus généralement une fonctionnelle) ne soit définie que pour une classe restreinte d'ensembles (ou de fonctions); le problème est alors de pouvoir étendre le domaine de définition de cette fonction sans en altérer les propriétés fondamentales.

Nous avons vu au premier paragraphe qu'une "capacité" définie seulement sur les boréliens s'étend facilement à tous les ensembles (cf l'exemple 3 du n.3), et même aux fonctions (cf la remarque 2 du n.1). Nous nous intéressons ici au problème de l'extension d'une fonction définie sur les compacts en une capacité.

La propriété cruciale à respecter dans une telle extension est la propriété b) du n.1. C'est en général la propriété la plus difficile à vérifier (cf chapitre VI), et aussi la plus facilement perdue dans les tentatives d'extension (cf la remarque 19-2) de ce paragraphe).

On ne connait de réponse vraiment satisfaisante que dans le cas important où la fonction, définie sur les compacts, est fortement sous-additive (cf la définition ci-dessous). En particulier, on ne connait pas de critère commode et suffisamment général pour qu'une fonction dénombrablement sous-additive soit une capacité (voir cependant les compléments du chapitre VI).

13 DÉFINITION.- Soit J une fonction définie sur un sous-ensemble $\underline{\underline{H}}$ de parties de E, stable pour $(\cup f, \cap f)$. On dit que J est

a) croissante sur $\underline{\underline{H}}$ si on a $J(K) \leq J(L)$ pour $(K,L) \in \underline{\underline{H}} \times \underline{\underline{H}}$ tel que $K \subset L$

b) *fortement sous-additive sur* $\underline{\underline{H}}$ *si on a, pour tout* $(K,L) \in \underline{\underline{H}} \times \underline{\underline{H}}$,

$$J(K \cup L) + J(K \cap L) \leq J(K) + J(L)$$

c) *continue* à *droite sur* $\underline{\underline{H}}$ *si, pour tout* $K \in \underline{\underline{H}}$ *et tout* $\alpha > 0$, *il existe un ouvert* U *de* E *contenant* K *tel que l'on ait*

$$J(L) \leq J(K) + \alpha$$

pour tout $L \in \underline{\underline{H}}$ *inclus dans* U.

Pour l'ensemble des parties compactes, la propriété c) est intimement liée à la propriété c) du n.1 :

14 THÉORÈME.- *Soit* J *une fonction croissante sur l'ensemble* $\underline{\underline{K}}$ *des parties compactes de* E. *La fonction* J *est continue a droite sur* $\underline{\underline{K}}$ *si et seulement si elle satisfait la propriété* (*) *suivante* : *si* (K_n) *est une suite décroissante de compacts*, $J(\bigcap_n K_n) = \inf J(K_n)$.

DÉMONSTRATION.- Supposons d'abord J continue à droite, et soit (K_n) une suite décroissante de compacts. Pour tout $\alpha > 0$, il existe un ouvert U contenant $K = \bigcap K_n$ tel que $J(L) \leq J(K) + \alpha$ pour tout compact L contenu dans U; d'autre part, pour U fixé, les ensembles $L_n = K_n \cap U^c$ forment une suite décroissante de compacts d'intersection vide : donc K_n est inclus dans U pour n suffisamment grand. Il est alors clair que $J(K) = \inf J(K_n)$. Supposons maintenant que J vérifie (*), et soit K un compact. Il existe une suite décroissante d'ouverts (U_n) contenant K telle que K soit encore égal à l'intersection des $\overline{U}_n$. On a donc $J(K) = \inf J(\overline{U}_n)$. Il est alors clair que J est continue à droite.

Voici le théorème fondamental de ce paragraphe. Nous en amorcerons la démonstration, et l'achèverons apres avoir examiné de plus près la propriété de forte sous-additivité.

15 THÉORÈME.- Soit J une fonction croissante, fortement sous-additive et continue à droite sur l'ensemble $\underline{\underline{K}}$ des parties compactes de E. Posons, pour tout ouvert U de E,

$$I(U) = \sup J(K),\ K \in \underline{\underline{K}},\ K \subset U$$

et, pour toute partie A de E,

$$I(A) = \inf I(U),\ U \text{ ouvert},\ U \supset A$$

Alors I est une extension de J à $\phi(E)$, et est une capacité fortement sous-additive et continue à droite sur $\phi(E)$.

DÉMONSTRATION.- Il est clair d'abord que I est croissante et continue à droite sur $\phi(E)$. Ensuite, I est une extension de J : si K est un compact, il existe, pour tout $\alpha > 0$, un ouvert U_α contenant K tel que $J(L) \leq J(K) + \alpha$ pour tout compact L inclus dans U_α. Par conséquent, $I(U_\alpha) \leq J(K) + \alpha$ pour tout α; comme on a évidemment $I(K) \leq J(K)$, on en déduit que $I(K) = J(K)$. Nous allons montrer maintenant que I est fortement sous-additive. Nous utiliserons pour cela le lemme topologique suivant

Lemme : Soit K un compact contenu dans la réunion $U_1 \cup U_2$ de deux ouverts U_1 et U_2. Il existe alors deux compacts K_1 et K_2 tels que l'on ait $K = K_1 \cup K_2$ et $K_i \subset U_i$, $i = 1,2$.

démonstration .- Les ensembles $L_1 = K \cap U_2^c$ et $L_2 = K \cap U_1^c$ sont compacts et disjoints. Séparons les par deux ouverts disjoints V_1 et V_2. Les compacts $K_1 = K \cap V_2^c$ et $K_2 = K \cap V_1^c$ ont les propriétés requises.

Démontrons maintenant la forte sous-additivité de I sur l'ensemble des ouverts. Soient U_1 et U_2 deux ouverts, et soient K un compact inclus dans $U_1 \cup U_2$ et L un compact inclus dans $U_1 \cap U_2$. Décomposons K en deux compacts K_1 et K_2 comme dans le lemme. Comme J est croissante et fortement sous-additive sur $\underline{\underline{K}}$, on a

$$J(K)+J(L) \leq J[(K_1 \cup L) \cup (K_2 \cup L)] + J[(K_1 \cup L) \cap (K_2 \cup L)] \leq J(K_1 \cup L) + J(K_2 \cup L)$$

et le compact $K_i \cup L$ est inclus dans U_i pour $i = 1,2$. On en déduit immédiatement que $I(U_1 \cup U_2)+I(U_1 \cap U_2) \leq I(U_1)+I(U_2)$, i.e. que I est fortement sous-additive sur l'ensemble des ouverts. Soient maintenant A_1 et A_2 deux parties de E, et soit U_1 (resp U_2) un ouvert contenant A_1 (resp A_2) : alors l'ouvert $U_1 \cup U_2$ (resp $U_1 \cap U_2$) contient $A_1 \cup A_2$ (resp $A_1 \cap A_2$). La forte sous-additivité de I sur $\phi(E)$ en résulte aisément. Il ne nous reste plus qu'à vérifier que I satisfait la propriété b) du n.1, ce que nous ferons après l'étude de la forte sous-additivité.

16 THÉORÈME.- Soit J une fonction croissante sur un ensemble $\underline{\underline{H}}$ de parties de E, stable pour $(\cup f, \cap f)$. Les assertions suivantes sont équivalentes

a) la fonction J est fortement sous-additive :

$$J(K \cup L)+J(K \cap L) \leq J(K)+J(L)$$

quels que soient K,L éléments de $\underline{\underline{H}}$

b) la fonction J est alternée d'ordre 2 :

$$J(P \cup Q \cup R)+J(R) \leq J(P \cup R)+J(Q \cup R)$$

quels que soient P,Q,R éléments de $\underline{\underline{H}}$, inégalité qui s'écrit encore

$$J(P \cup Q \cup R)-J(P \cup R)-J(Q \cup R)+J(R) \leq 0$$

si $J(P \cup Q \cup R)$ est fini (c'est donc une inégalité de "concavité")

c) quels que soient les éléments A,B,K de $\underline{\underline{H}}$ tels que $A \supset B$, on a

$$J(A \cup K)+J(B) \leq J(B \cup K)+J(A)$$

inégalité qui s'écrit encore, si $J(A \cup K)$ est fini,

$$J(A \cup K)-J(A) \leq J(B \cup K)-J(B)$$

(autrement dit, pour un même accroissement de la variable, l'accroissement de J est plus grand si la variable est plus petite)

d) *quels que soient les éléments* A_i, B_i *de* $\underline{H}$ *tels que* $A_i \supset B_i$ $(i = 1,2)$

$$J(A_1 \cup A_2)+J(B_1)+J(B_2) \leq J(B_1 \cup B_2)+J(A_1)+J(A_2)$$

inégalité qui s'écrit encore, si $J(A_1 \cup A_2)$ *est fini,*

$$J(A_1 \cup A_2) - J(B_1 \cup B_2) \leq [J(A_1)-J(B_1)]+[J(A_2)-J(B_2)]$$

DÉMONSTRATION.- Nous allons montrer que a) $\Rightarrow$ b) $\Rightarrow$ c) $\Rightarrow$ d) $\Rightarrow$ a). Posons, dans a), $K = P \cup R$ et $L = Q \cup R$: on obtient b). Posons, dans b), $P = A$, $Q = B$ et $R = K$: on obtient c). Posons, dans d), $A_1 = K$, $B_1 = K \cap L$ et $A_2 = B_2 = L$: on obtient a) si $J(L)$ est fini, et a) est trivial si $J(L)$ est infini. Il nous reste à prouver que c) = d). Ecrivons deux fois c), une fois en posant $A = A_1$, $B = B_1$ et $K = A_2$, et l'autre fois en posant $A = A_2$, $B = B_2$ et $K = B_1$; ajoutons membre à membre les inégalités obtenues. On obtient d) si $J(A_2 \cup B_1)$ est fini. Si $J(A_2 \cup B_1)$ est infini, il résulte de c) appliqué à $A = B_1$, $B = \emptyset$ et $K = A_2$ que $J(A_2)$ ou $J(B_1)$ est infini : d) est alors triviale.

L'inégalité d) s'étend immédiatement par récurrence, et on obtient

17 COROLLAIRE.- *Sous les mêmes hypothèses, les assertions suivantes sont équivalentes*

a) *la fonction* J *est fortement sous-additive*

b) *quels que soient les éléments* A_i, B_i *de* $\underline{H}$ *tels que* $A_i \supset B_i$ *pour* $i = 1,2,\ldots n$, *on a*

$$J(\cup A_i)+\sum J(B_i) \leq J(\cup B_i)+\sum J(A_i)$$

inégalité qui s'écrit encore, si $J(\cup A_i)$ *est fini,*

$$J(\cup A_i)-J(\cup B_i) \leq \sum [J(A_i)-J(B_i)]$$

REMARQUE.- Chacune des inégalités du n.16 est intéressante : a) pour la facilité de la vérification de sa validité, b) pour son intérêt théorique (cf appendice I), c) pour sa signification simple et d) pour son intérêt technique.

DÉMONSTRATION DU THÉORÈME 15 (Suite et fin).- Il nous reste à vérifier la propriété suivante : si (B_n) est une suite croissante, alors $I(\bigcup B_n) = \sup I(B_n)$. Nous allons d'abord le faire lorsque les B_n sont ouverts, ce qui ne fera pas intervenir la forte sous-additivité. Soit donc (U_n) une suite croissante d'ouverts, et soit K un compact contenu dans $\bigcup U_n$: les U_n formant un recouvrement de K, U_n contient K pour n suffisamment grand. Il est alors clair que $I(\bigcup U_n) = \sup I(U_n)$. Soit maintenant (B_n) une suite croissante de parties quelconques. Si $I(B_n)$ est infini pour n suffisamment grand, on a évidemment $I(\bigcup B_n) = \sup I(B_n)$. Supposons donc $I(B_n)$ fini pour tout n, et , pour tout n et tout $\alpha > 0$, désignons par A_n^α un ouvert contenant B_n tel que $I(A_n^\alpha) \leq I(B_n) + 2^{-n}\alpha$. On a alors, pour tout entier k,

$$I(\bigcup_1^k A_n^\alpha) - I(\bigcup_1^k B_n) \leq \sum_1^k [I(A_n^\alpha) - I(B_n)] \leq \alpha$$

Posons, pour tout entier k, $U_k^\alpha = \bigcup_1^k A_n^\alpha$: les U_k^α forment une suite croissante d'ouverts, et on a donc, d'après ce qui précède,

$$I(\bigcup U_k^\alpha) = \sup_k I(\bigcup_1^k A_n^\alpha) \leq \sup_k I(\bigcup_1^k B_n) + \alpha$$

Comme $\bigcup U_k^\alpha$ est un ouvert qui contient $\bigcup B_k$, il est alors clair que l'on a $I(\bigcup B_n) = \sup I(B_n)$.

En fait la fonction I vérifie une inégalité plus forte que celle de la forte sous-additivité : avec les mêmes hypothèses et notations que celles du théorème 15, on a

18 THEOREME.- Soient (A_n) et (B_n) deux suites de parties de E telles que A_n contienne B_n pour tout n. Alors on a

$$I(\bigcup A_n) + \sum I(B_n) \leq I(\bigcup B_n) + \sum I(A_n)$$

inégalité qui s'écrit encore, si $I(\bigcup A_n)$ est fini,

$$I(\bigcup A_n) - I(\bigcup B_n) \leq \sum [I(A_n) - I(B_n)]$$

DÉMONSTRATION.- Pour tout entier k, on a, d'après le théorème 17,

$$I(\bigcup_1^k A_n)+\sum_1^k I(B_n)\leq I(\bigcup_1^\infty B_n)+\sum_1^\infty I(A_n)$$

Il ne reste plus qu'à faire tendre n vers $+\infty$, en tenant compte du fait que l'on a $I(\bigcup A_n) = \sup_k I(\bigcup_1^k A_n)$.

19 REMARQUES.- 1) Le prolongement I de J du théorème 15 est "essentiellement" unique au sens suivant : si I' est une capacité dont la restriction aux compacts est égale à J, alors I(A) = I'(A) pour toute partie analytique A de E. Cela résulte immédiatement du théorème de capacitabilité.

2) La forte sous-additivité joue un rôle crucial dans la démonstration du théorème 15. Nous verrons au cours de l'appendice I qu'il existe une capacité dénombrablement sous-additive I ayant la propriété suivante : si on pose, pour toute partie A de E, $I^*(A) = \inf I(U)$, U ouvert, $U\supset A$, la fonction I^*, égale à I sur les ouverts et compacts, et dénombrablement sous-additive, n'est pas une capacité (la propriété b) du n.1 n'étant plus satisfaite), et il existe un borélien A tel que $I^*(A)>0$, mais tel que $I^*(K) = 0$ pour tout compact K inclus dans A.

Voici maintenant une série d'exemples de fonctions J croissantes, continues à droite et fortement sous-additive sur les compacts, auxquelles on peut donc appliquer le théorème d'extension.
Pour simplifier le langage, nous dirons que ces fonctions J sont des capacités fortement sous-additives

20 EXEMPLES.- 1) Si pour L compact de E on pose $J_L(K) = 1$ si $K\cap L \neq \emptyset$ et $J_L(K) = 0$ sinon, la fonction J_L ainsi définie est une capacité fortement sous-additive.

2) La restriction d'une mesure aux parties compactes est une capacité fortement sous-additive

3) Plus généralement, soient $E \times F$ un produit et λ une mesure sur E. Pour toute partie compacte K de $E \times F$, on pose $J(K) = \lambda[\pi(K)]$, où π est la projection sur E. La fonction J ainsi définie est une capacité fortement sous-additive.

4) La capacité newtonienne est fortement sous-additive (cf CHOQUET [ ])

5) Soient $E \times F$ un produit, G une partie compacte de $E \times F$, et λ une mesure sur F. Pour toute partie compacte K de E, posons $J(K) = \lambda[\pi(G \cap (K \times F))]$, où π est la projection sur F. La fonction J ainsi définie est une capacité fortement sous-additive.

Les quatre premiers exemples correspondent à quatre exemples de capacités du n.3, ces dernières étant les prolongements donnés par le théorème 15. Nous verrons à l'appendice I que ces cinq capacités sont "alternée d'ordre ∞", et que toute capacité alternée d'ordre ∞ est du type de la capacité J de l'exemple 5).

6) L'exemple suivant est une généralisation de la capacité newtonienne en théorie du potentiel. Soit E un espace localement compact à base dénombrable, et soit V une fonction s.c.i. et symétrique sur $E \times E$. On suppose de plus que V satisfait les deux "principes" suivant de la théorie du potentiel

i) pour tout ouvert relativement compact U de E, il existe une mesure λ portée par $\overline{U}$ telle que son potentiel $V\lambda$ soit ≤ 1 partout, et $= 1$ sur U (par définition $V\lambda(x) = \int V(x,x')\, d\lambda(x')$)

ii) si λ_1 et λ_2 sont deux mesures à support compact et à potentiel borné, le fait que $V\lambda_1$ majore $V\lambda_2$ sur le support de λ_2 entraine que $V\lambda_1$ majore $V\lambda_2$ partout

Désignons alors, pour tout compact K de E, par J(K) la borne supérieure des masses des mesures λ portées par K et dont le potentiel $V\lambda$ soit ≤ 1 partout. La fonction J ainsi définie est une capacité fortement sous-additive (cf BRELOT [ ], qui considère aussi des noyaux non symétriques).

7) Soit $\underline{\underline{L}}$ un ensemble de fonctions continues sur E stable pour $(\vee f, \wedge f)$, et soit ρ une <u>valuation</u> (resp subvaluation) sur $\underline{\underline{L}}$, i.e. une fonction sur $\underline{\underline{L}}$ vérifiant la condition suivante : quels que soient f_1 et f_2 éléments de $\underline{\underline{L}}$, on a

$$\rho(f_1 \vee f_2) + \rho(f_1 \wedge f_2) = \rho(f_1) + \rho(f_2) \quad (\text{resp} \leq)$$

Posons alors, pour tout compact K de E,

$$J(K) = \inf \rho(f), \ f \in \underline{\underline{L}}, \ \{f > 1\} \supset K$$

La fonction J ainsi définie est une capacité fortement sous-additive.

8) Voici un exemple de la situation précédente. Soit U un ouvert de $\mathbb{R}^n$, et designons par λ la restriction de la mesure de Lebesgue a l'ouvert U. Nous prendrons pour $\underline{\underline{L}}$ l'ensemble des fonctions lipschitziennes (≥ 0) à <u>support compact</u> contenu dans U (rappelons que toute $f \in \underline{\underline{L}}$ a des derivées partielles $D_1 f, \ldots, D_n f$ définies presque partout). Soit d'autre part W une fonction borélienne ≥ 0 définie sur $U \times \mathbb{R}_+ \times \mathbb{R}^n$: pour $f \in \underline{\underline{L}}$, nous désignerons par $W(., f, Df)$ la fonction λ-mesurable sur U $x \to W[x, f(x), D_1 f(x), \ldots, D_n f(x)]$. Posons alors, pour toute $f \in \underline{\underline{L}}$, $\rho(f) = \int W(x, f, Df)\, d\lambda(x)$. La fonction ρ ainsi définie est une valuation sur $\underline{\underline{L}}$ (cf CHOQUET [ ]), et on lui associe, comme ci-dessus, une capacité J fortement sous-additive. En particulier, si $U = \mathbb{R}^3$ et $W(., f, Df) = (\text{gradient } f)^2$, la valuation ρ est l'intégrale de Dirichlet, et la capacité J est égale à la capacité newtonienne (à une constante multiplicative près).

5.- COMPLÉMENTS

A : CAPACITÉS. CAS ABSTRAIT.

Dans cette section, E désigne un ensemble sans structure topologique, et $\underline{\underline{E}}$ désigne un pavage sur E. Nous renvoyons le lecteur à MEYER [ ] pour les démonstrations.

21 DÉFINITION.- Une $\underline{\underline{E}}$-capacité sur E est une fonction I définie sur $\phi(E)$ et satisfaisant les conditions suivantes

a) si $f \leq g$, alors $I(f) \leq I(g)$

b) si (f_n) est une suite croissante, alors $I(\sup f_n) = \sup I(f_n)$

c) si (g_n) est une suite décroissante d'elements de $\underline{\underline{E}}$, alors $I(\inf g_n) = \inf I(g_n)$

Si I est une $\underline{\underline{E}}$-capacité, on dit que $f \in \phi(E)$ est I-capacitable si

$$I(f) = \sup I(g),\ g \in \underline{\underline{E}}_\delta\ ,\ g \leq f$$

On a alors une version abstraite du théorème de Sion, et du théorème de Choquet :

22 THÉORÈME.- Un ensemble $\underline{\underline{E}}$-analytique est capacitable pour toute $\underline{\underline{E}}$-capacité.

On peut alors reprendre, à peu près dans les mêmes termes, les applications à la théorie de la mesure. On a aussi le théorème de séparation, mais avec une restriction sur le pavage :

23 THÉORÈME.- Soit $(E, \underline{\underline{E}})$ un espace pavé compact. Si A_1 et A_2 sont deux parties $\underline{\underline{E}}$-analytiques disjointes de E, il existe deux éléments disjoints B_1 et B_2 du saturé de $\underline{\underline{E}}$ pour $(\cup d, \cap d)$ tels que $B_i \supset A_i$ pour $i = 1, 2$.

En particulier, si A_2 est le complémentaire de A_1, alors A_1 et A_2 appartiennent au saturé de $\underline{\underline{E}}$ pour $(\bigcup d, \bigcap d)$ (qui n'est pas stable en général pour le passage au complémentaire)

Passons maintenant à la construction de capacités. La situation est ici moins satisfaisante que dans le cas topologique, mais on a quand même "l'essentiel" du théorème 15

24 THÉORÈME.- Soit J une fonction croissante, fortement sous-additive sur le pavage $\underline{\underline{E}}$, et satisfaisant la condition suivante : pour toute suite croissante (A_n) d'éléments de $\underline{\underline{E}}$ telle que $\bigcup A_n$ appartienne encore à $\underline{\underline{E}}$, on a $J(\bigcup A_n) = \sup J(A_n)$. Posons alors, pour tout $B \in \underline{\underline{E}}_\sigma$, $I(B) = \sup J(A)$, $A \in \underline{\underline{E}}$, $A \subset B$, et, pour toute partie C de E, $I(C) = \inf I(B)$, $B \in \underline{\underline{E}}_\sigma$, $B \supset C$. La fonction I ainsi définie est une extension de J, croissante, et possède les deux propriétés suivantes

i) si (A_n) est une suite croissante, alors $I(\bigcup A_n) = \sup I(A_n)$

ii) si (A_n) et (B_n) sont deux suites telles que $A_n \supset B_n$ pour tout n,

$$I(\bigcup A_n) + \sum I(B_n) \leq I(\bigcup B_n) + \sum I(A_n)$$

Pour que la fonction I soit une $\underline{\underline{E}}$-capacité, il faut et il suffit que $I(\bigcap A_n) = \inf I(A_n)$ pour toute suite décroissante (A_n) d'éléments du pavage $\underline{\underline{E}}$.

B : CAPACITÉS. CAS TOPOLOGIQUE

25 DÉFINITION.- Soit E un espace topologique séparé. Une capacité sur E est une fonction I définie sur les parties de E et satisfaisant les conditions suivantes

a) si $A \subset B$, alors $I(A) \leq I(B)$

b) si (A_n) est une suite croissante, alors $I(\bigcup A_n) = \sup I(A_n)$

c) si (K_n) est une suite décroissante de compacts, alors $I(\bigcap K_n) = \inf I(K_n)$

On dit que la capacité I est continue à droite si elle possède de plus la propriété suivante (plus forte que c))

c') pour tout compact K et tout $\alpha > 0$, il existe un ouvert U de E contenant K tel que l'on ait $I(U) \leq I(K)+\alpha$.

Une partie A de E est alors I-capacitable si $I(A) = \sup I(K)$, K compact inclus dans A.

Avant d'énoncer les théorèmes de capacitabilité, rappelons que les espaces sousliniens au sens de Bourbaki sont analytiques au sens de Choquet. Pour les démonstrations, nous renverrons à SION [ ] et BOURBAKI [ ].

26 THÉORÈME (de Choquet).- Un ensemble analytique contenu dans une réunion dénombrable de compacts est capacitable pour toute capacité.

27 THÉORÈME (de Sion).- Un ensemble analytique est capacitable pour toute capacité continue à droite.

La capacité utilisée dans la démonstration du théorème de séparation étant continue à droite, on a

28 COROLLAIRE.- Si A_1 et A_2 sont deux parties analytiques disjointes, il existe deux boréliens disjoints B_1 et B_2 tels que $B_i \supset A_i$ pour i = 1,2

Enfin, le théorème 15 relatif à la construction de capacités est ici valable sans aucune modification.

CHAPITRE III : CALIBRES

Au second parapgraphe, nous allons étudier, sous le nom de calibres, des applications de $\phi(E)$ dans $\phi(F)$ qui auront la propriété de transformer toute fonction analytique en une fonction analytique. Leur définition comprendra deux conditions : 1) une condition de "capacitabilité" 2) une condition "d'analyticité" pour leur restriction aux fonctions s.c.s. Aussi introduisons nous au premier paragraphe une topologie métrisable compacte sur l'ensemble des fonctions s.c.s., qui nous permettra de parler d'ensemble analytique de fonctions s.c.s. Cette topologie interviendra aussi dans les chapitres ultérieurs. Enfin, les méthodes exposées ici ne semblant pas susceptibles d'extension au cas abstrait ou topologique plus général, il n'y a pas de compléments.

1.- LA TOPOLOGIE DE HAUSDORFF

Si E est un espace métrisable compact, nous désignerons désormais par $\underline{\underline{K}}(E)$ l'ensemble des parties compactes de E qui sera muni de la topologie définie de la manière suivante

1 DÉFINITION.- On appelle topologie de Hausdorff sur $\underline{\underline{K}}(E)$ la moins fine des topologies telles qu'un ensemble de la forme $\{K \in \underline{\underline{K}}(E) : K \subset A\}$ soit ouvert (resp fermé) si A est ouvert (resp fermé) dans E.

L'ensemble vide de E est un point isolé de $\underline{\underline{K}}(E)$, et une base d'ouverts pour cette topologie est constituée par les ensembles de la forme

$$\{K : K \subset U\} \cap \{K : K \cap V_1 \neq \emptyset\} \cap \ldots \cap \{K : K \cap V_n \neq \emptyset\}$$

où U, $V_1, \ldots, V_n$ sont des ouverts de E. Nous laissons au lecteur le soin de vérifier que cette topologie est séparée.

2 THÉORÈME.- La topologie de Hausdorff est métrisable compacte. De plus, si d est une distance sur E compatible avec sa topologie, la fonction ρ sur $\underline{\underline{K}}(E) \times \underline{\underline{K}}(E)$ définie par

$$\rho(K,L) = \sup_{x \in E} |d(x,K) - d(x,L)|$$

est une distance sur $\underline{\underline{K}}(E)$ compatible avec la topologie de Hausdorff.

DÉMONSTRATION.- La topologie de Hausdorff étant séparée, il suffit de démontrer que la distance ρ définit une topologie compacte plus fine. Pour $K \in \underline{\underline{K}}(E)$, nous désignerons par d_K la fonction $x \to d(x,K)$ (où $d(x,K) = \sup_{y \in K} d(x,y)$) : la fonction d_K étant continue, la distance ρ choisie permet d'identifier $\underline{\underline{K}}(E)$ à un sous-espace de l'ensemble $\underline{\underline{C}}(E)$ des fonctions continues sur E muni de la topologie de la convergence uniforme. Comme on a $|d_K(x) - d_K(y)| \leq d(x,y)$, l'ensemble $\underline{\underline{K}}(E)$ est borné et équicontinu dans $\underline{\underline{C}}(E)$: il est donc relativement compact d'apres le théorème d'Ascoli. Montrons que $\underline{\underline{K}}(E)$ est fermé dans $\underline{\underline{C}}(E)$: soit (d_{K_n}) une suite convergeant vers une fonction $f \in \underline{\underline{C}}(E)$; on a alors $f = d_K$ où $K = \{f = 0\}$. En effet, pour $x \in E$ fixé, on a d'une part $|f(x) - f(y)| \leq d(x,y)$ pour tout y, et donc on a $f \leq d_K$. Désignons d'autre part, pour tout n, par y_n un point de K_n tel que l'on ait $d(x,y_n) = d(x,K_n)$: quitte à extraire une sous-suite des K_n, on peut supposer que (y_n) converge vers $y \in E$. Mais, étant donnée l'équicontinuité, il est clair que y appartient à K et que $d(x,y) = f(x)$. D'où l'égalité de f et de d_K. Enfin, le fait que la topologie définie par ρ est plus fine que la topologie de Hausdorff résulte aisément des égalités suivantes, où L est un compact de E

$\{K : K \subset L\} = \{d_K : d_K \geq d_L\} \qquad \{K : K \cap L \neq \emptyset\} = \{d_K : \inf(d_K \wedge d_L) = 0\}$

REMARQUES.- 1) Nous avons choisi pour distance ρ celle qui permet d'obtenir le théorème le plus rapidement. Mais, plus communément, on utilise la "distance de Hausdorff" définie par

$$\rho(K,L) = \sup \left[\sup_{x \in L} d(x,K), \sup_{x \in K} d(x,L)\right]$$

2) Voici une autre définition possible de la topologie de Hausdorff, due à CHOQUET [ ] : la famille filtrante de compacts (K_i) converge vers le compact K si, pour toute fonction continue f sur E, le maximum de f sur K_i converge vers le maximum de f sur K.

3) Voyons rapidement comment définir maintenant une "bonne" topologie sur l'ensemble $\underline{\underline{S}}(E)$ des fonctions s.c.s. sur E, à valeurs dans $\overline{\mathbb{R}}_+$. On identifie toute fonction $f \in \underline{\underline{S}}(E)$ à son sous-graphe fermé, i.e. l'ensemble $\{(x,t) : f(x) \geq t\}$, qui est compact dans $E \times \overline{\mathbb{R}}_+$, et on munit $\underline{\underline{S}}(E)$ de la topologie induite par celle de $\underline{\underline{K}}(E \times \overline{\mathbb{R}}_+)$. L'ensemble $\underline{\underline{S}}(E)$, muni de cette topologie, est métrisable compact, et $\underline{\underline{K}}(E)$ peut être identifié à un sous-espace compact de $\underline{\underline{S}}(E)$.

3 Les propriétés suivantes de la topologie de Hausdorff sont faciles à vérifier. Nous les utiliserons souvent par la suite, sans références, pour démontrer qu'un ensemble est analytique par la méthode de Kuratowski-Tarski.

1) les ensembles suivants sont compacts

$\{(x,K) : x \in K\}$ dans $E \times \underline{\underline{K}}(E)$

$\{(K,L) : K \subset L\}$ dans $\underline{\underline{K}}(E) \times \underline{\underline{K}}(E)$

$\{(K,L) : K \cap L \neq \emptyset\}$ dans $\underline{\underline{K}}(E) \times \underline{\underline{K}}(E)$

2) les applications suivantes sont continues

$x \to \{x\}$ de $\underline{\underline{E}}$ dans $\underline{\underline{K}}(E)$

$(K,L) \to K \cup L$ de $\underline{\underline{K}}(E) \times \underline{\underline{K}}(E)$ dans $\underline{\underline{K}}(E)$

$K \to \pi(K)$ de $\underline{\underline{K}}(E \times F)$ dans $\underline{\underline{K}}(E)$ (π désignant la projection sur E)

$K \to \delta(K)$ de $\underline{\underline{K}}(E)$ dans $\mathbb{R}_+$ (δ désignant le diamètre associé à une distance sur E compatible avec sa topologie)

3) Si (K_n) est une suite décroissante de compacts, d'intersection K, alors (K_n) converge vers K dans $\underline{\underline{K}}(E)$

Nous allons étudier l'ensemble des compacts non dénombrables, et montrer qu'il est analytique dans $\underline{\underline{K}}(E)$. Mais avant cela, nous rappellerons quelques notions topologiques élémentaires.

4 Soit A une partie de E On dit que $x \in E$ est un <u>point de condensation</u> de A si tout voisinage de x rencontre A suivant un ensemble qui n'est pas dénombrable. Un argument simple de recouvrement (E étant à base dénombrable) montre que l'ensemble des points de A qui ne sont pas des points de condensation est au plus dénombrable. Rappelons d'autre part qu'un compact est dit <u>parfait</u> s'il n'a pas de points isolés, et il résulte du théorème de Baire que tout parfait non vide n'est pas dénombrable. Maintenant, si K est un compact quelconque, l'ensemble N de ses points de condensation est un parfait, contenu dans K, que l'on appelle le <u>noyau parfait</u> de K, et la décomposition de K en son noyau parfait N et l'ensemble dénombrable K-N est l'unique décomposition de K en un ensemble parfait et un ensemble dénombrable disjoints (théorème de Cantor-Bendixson).

Le résultat suivant est dû à Banach

5 THÉORÈME.- <u>L'ensemble des parfaits non vides de</u> E <u>est</u> $\underline{\underline{G}}_\delta$ <u>dans</u> $\underline{\underline{K}}(E)$

DÉMONSTRATION.- Nous allons montrer que l'ensemble $\underline{\underline{I}}$ des compacts non vides de E ayant au moins un point isolé est $\underline{\underline{K}}_\sigma$ dans $\underline{\underline{K}}(E)$. Soit (U_n) une base dénombrable d'ouverts de E. On a l'équivalence suivante, en symboles logiques,

$$K \in \underline{\underline{I}} \iff \exists n\ \exists x \quad x \in K \ \text{ et } \ x \in U_n \ \text{ et } \ K \subset \{x\} \cup U_n^c$$

Il résulte aisément des propriétés de la topologie de Hausdorff que $\{(x,K) : K \subset \{x\} \cup U_n^c\}$, n fixé, est compact dans $E \times \underline{\underline{K}}(E)$, et donc I est $[P(\underline{\underline{K}} \cap \underline{\underline{G}} \cap \underline{\underline{K}})]_\sigma = [P(\underline{\underline{K}}_\sigma)]_\sigma = \underline{\underline{K}}_\sigma$.

6 COROLLAIRE.- <u>L'ensemble des compacts non-dénombrables de</u> E <u>est analytique dans</u> $\underline{\underline{K}}(E)$.

DÉMONSTRATION.- Désignons par $\underline{\underline{N}}$ l'ensemble des compacts non dénombrables, et par $\underline{\underline{P}}$ l'ensemble des parfaits non vides. Etant donné le théorème de Cantor-Bendixson, on a

$$K \in \underline{\underline{N}} \iff \exists L \quad L \in \underline{\underline{P}} \ \text{ et } \ L \subset K$$

et donc $\underline{\underline{N}}$ est $P[\underline{\underline{G}}_\delta \cap \underline{\underline{K}}] = P[\underline{\underline{G}}_\delta] = \underline{\underline{A}}$.

REMARQUES.- 1) Hurewicz a montré que l'ensemble des compacts non-dénombrables n'est pas borélien dans $\underline{\underline{K}}([0,1])$: c'est un des exemples les plus simples d'ensemble analytique qui ne soit pas borélien.

2) dans le même ordre d'idées, Kuratowski et Marczewski ont montré que l'ensemble des compacts contenus dans les rationnels de [0,1] n'est pas analytique, mais est le complémentaire d'un ensemble analytique dans $\underline{\underline{K}}([0,1])$

3) il est facile de voir que, si A est $\underline{\underline{G}}_\delta$ dans E, l'ensemble $\{K : K \subset A\}$ est $\underline{\underline{G}}_\delta$ dans $\underline{\underline{K}}(E)$. Par contre, si A est $\underline{\underline{K}}_\sigma$, cet ensemble peut ne pas être analytique dans $\underline{\underline{K}}(E)$: il suffit de prendre pour A l'ensemble des rationnels de [0,1].

2.- CALIBRES

Nous nous bornerons à étudier des opérations transformant des ensembles en des fonctions : le cas général (transformations de fonctions en fonctions) est un peu plus compliqué, sans être très utile pour les applications.

7 DÉFINITION.- Un calibre de E dans F est une application p de $\Phi(E)$ dans $\Phi(F)$ satisfaisant aux conditions suivantes

a) si A et B sont deux éléments de $\Phi(E)$ tels que $A \subset B$, on a $p(y,A) \leq p(y,B)$ pour tout $y \in F$, où $p(y,A)$ désigne la valeur de la fonction $p(A)$ au point y

b) si A est une partie analytique d'un produit ExG, on a

$$p(y,\pi(A)) = \sup p(y,\pi(K)),\ K \in \underline{\underline{K}}(E \times G),\ K \subset A$$

où π désigne la projection de ExG sur E

c) la fonction $(y,K) \to p(y,K)$ est analytique sur $F \times \underline{\underline{K}}(E)$.

Il est peu probable que le produit de composition de deux calibres (s'il est défini) soit encore un calibre. On a cependant

8 THÉORÈME.- Soient p un calibre de E dans F, et π la projection d'un produit ExG sur E. L'application composée $p \circ \pi$ est alors un calibre de ExG dans F.

DÉMONSTRATION.- La condition a) est évidemment vérifiée, et la condition b) aussi puisque la composée de deux projections est encore une projection. Enfin, l'application $(y,K) \to (y,\pi(K))$ de $F \times \underline{\underline{K}}(E \times G)$ dans $F \times \underline{\underline{K}}(E)$ étant continue, on vérifie aisément que la fonction $(y,K) \to p(y,\pi(K))$ est analytique sur $F \times \underline{\underline{K}}(E \times G)$.

Nous avons vu au chapitre I que toute fonction analytique est la projection de la limite d'une suite décroissante de fonctions s.c.i., et, qu'en particulier, tout ensemble analytique est la projection d'un ensemble $\underline{\underline{G}}_\delta$. Etant donné le résultat précédent, on peut donc se contenter de vérifier la condition b) du n.7 pour les parties $\underline{\underline{G}}_\delta$ d'un produit.

Voici le théorème qui légitime l'introduction des calibres

9 THÉORÈME.- <u>Soit</u> p <u>un calibre de</u> E <u>dans</u> F. <u>Si</u> A <u>est analytique dans</u> E, <u>la fonction</u> p(A) <u>est analytique sur</u> F.

DÉMONSTRATION.- D'après ce qui précède, on peut supposer que A est $\underline{\underline{G}}_\delta$ dans E : l'ensemble $\underline{\underline{K}}(A)$ des compacts contenus dans A est alors $\underline{\underline{G}}_\delta$ et donc analytique dans $\underline{\underline{K}}(E)$. Et la fonction $y \to p(y,A)$, projection sur F de la fonction analytique $(y,K) \to p(y,K).1_{\underline{\underline{K}}(A)}$, est analytique.

Avant de voir quelques applications, nous donnerons encore deux théorèmes d'extension de calibres.

10 THÉORÈME.- <u>Soient</u> G <u>un espace et</u> p <u>un calibre de</u> E <u>dans</u> F. <u>Posons, pour toute partie</u> A <u>de</u> ExG <u>et tout</u> $(y,z) \in F\times G$,

$$\overline{p}[(y,z),A] = p(y,A(z))$$

<u>où</u> A(z) <u>est la coupe de</u> A <u>suivant</u> z. <u>L'application</u> $\overline{p}$ <u>de</u> ϕ(ExG) <u>dans</u> ϕ(FxG) <u>ainsi définie est un calibre de</u> ExG <u>dans</u> FxG.

DÉMONSTRATION.- La condition a) du n.7 est évidemment satisfaite. Vérifions b). Soient H un espace auxiliaire, A une partie analytique dans (ExG)xH, et désignons par $\overline{\pi}$ (resp π) la projection de ExGxH (resp ExH) sur ExG (resp E) : on a alors $\pi[A(z)] = [\overline{\pi}(A)](z)$ et $\overline{p}[(y,z),\overline{\pi}(A)] = \sup p(y,\pi(K))$, $K \in \underline{\underline{K}}(E\times H)$, $K \subset A(z)$. Identifions un compact K de ExH contenu dans A(z) au compact Kx{z} de ExGxH : il est alors clair que $\overline{p}[(y,z),\overline{\pi}(A)] = \sup \overline{p}[(y,z),\overline{\pi}(K)]$, $K\in\underline{\underline{K}}(ExGxH)$, $K\subset A$. Vérifions enfin la condition c). Pour tout $t\geq 0$, on a les équivalences suivantes, en symboles logiques,

$$\overline{p}[(y,z),K]\geq t \Leftrightarrow \exists L\in\underline{\underline{K}}(E) \quad p(y,L)\geq t \quad \text{et} \quad L\subset K(z)$$

$$L\subset K(z) \Leftrightarrow Lx\{z\}\subset K$$

L'ensemble $\{(z,K,L) : L\subset K(z)\}$ est donc un compact de $Gx\underline{\underline{K}}(ExG)x\underline{\underline{K}}(E)$, et l'ensemble $\{(y,L) : p(y,L)\geq t\}$ est analytique dans $Fx\underline{\underline{K}}(E)$ par hypothèse : l'ensemble $\{[(y,z),K] : \overline{p}[(y,z),K]\geq t\}$, qui est $P(\underline{\underline{K}}\cap\underline{\underline{A}})$, est aussi analytique. D'où l'analyticité de la fonction $\overline{p}(.,.)$ sur $FxGx\underline{\underline{K}}(ExG)$.

REMARQUE.- Si la fonction p(.,.) est de plus s.c.s. sur $Fx\underline{\underline{K}}(E)$, la fonction $\overline{p}(.,.)$ est aussi s.c.s. sur $FxGx\underline{\underline{K}}(ExG)$, car l'ensemble $\{[(y,z),K] : \overline{p}[(y,z),K]\geq t\}$ est alors $P(\underline{\underline{K}}\cap\underline{\underline{K}}) = \underline{\underline{K}}$ pour tout $t\geq 0$.

11 COROLLAIRE.- Soit p un calibre de E dans F. Posons, pour toute partie A de ExF et tout $y\in F$,

$$\overline{p}(y,A) = p(y,A(y))$$

L'application $\overline{p}$ ainsi définie est un calibre de ExF dans F.

DÉMONSTRATION.- Faisons G = F dans le théorème précédent, et identifions F à la diagonale de FxF : la fonction $\overline{p}(A)$ est alors la restriction à F de la fonction $\overline{p}(A)$ définie ci-dessus. Le corollaire est alors évident.

12 APPLICATIONS.- Nous dirons, pour abréger, qu'un calibre p de E dans F est simple si p(A) est une fonction constante pour tout $A\in\phi(E)$ Autrement dit, un calibre simple p sur E est une fonction sur $\phi(E)$, croissante, et satisfaisant les deux conditions

i) si A est analytique dans un produit ExG, alors

$$p[\pi(A)] = \sup p[\pi(K)],\ K\in \underline{\underline{K}}(E\times G),\ K\subset A$$

ii) la restriction de p à $\underline{\underline{K}}(E)$ est une fonction analytique.

Nous allons voir trois exemples de calibres simples, auxquels nous appliquerons le procédé d'extension du corollaire précédent

1) Soit I une capacité sur E : alors I est un calibre simple. La condition i) a été vérifiée lors de la démonstration du théorème de capacitabilité ; mais, il n'est pas nécessaire de se replonger dans la démonstration : il suffit de remarquer que la composée $I\circ\pi$ est une capacité, et d'appliquer le théorème de capacitabilité à cette capacité. La condition ii) résulte du fait que I est continue à droite sur $\underline{\underline{K}}(E)$(cf le n.14 du chapitre II), et donc s.c.s. pour la topologie de Hausdorff. En appliquant alors le théorème 9 à l'extension de I, on obtient : si A est analytique dans un produit ExF, la fonction $y \to I[A(y)]$ est analytique sur F.

2) Soit λ une mesure sur E, et soit B un borélien de ExF : on sait, d'après le théorème de Fubini, que la fonction $y \to \lambda[B(y)]$ est borélienne, et donc mesurable. Mais supposons maintenant que la mesure λ ne soit pas σ-finie (ce qui est le cas pour les mesures de Hausdorff) : on ne peut plus alors appliquer le théorème de Fubini. Nous verrons cependant au chapitre VI que $y \to \lambda[A(y)]$ est analytique[1] si A est analytique dans ExF. Pour le moment, nous nous bornerons à démontrer ce résultat pour la plus simple des mesures de Hausdorff : la mesure de comptage des points M^1 sur E définie par $M^1(A)$ = le nombre d'éléments de A si A est fini, et $M^1(A) = +\infty$ si A est infini. La mesure M^1 est un calibre simple : elle est

1) si λ est une mesure de Hausdorff

croissante et satisfait la condition i) de manière évidente. D'autre part, on vérifie aisément que, pour n fixé, l'ensemble $\{K\in\underline{\underline{K}}(E) : M^1(K)> n\}$ est ouvert : la restriction de M^1 à $\underline{\underline{K}}(E)$ est ainsi s.c.i., et donc analytique. L'application du théorème 9 à l'extension de M^1 entraine alors que, pour A analytique dans ExF, la fonction $y \to M^1[A(y)]$ est analytique.

3) Les mesures de Hausdorff n'étant pas σ-finies, un autre problème se pose : quelle est la nature de l'ensemble des y tels que la coupe A(y) de l'ensemble analytique A ne soit pas σ-finie ? Examinons ici le cas particulier de la mesure de comptage des points : un ensemble n'est pas σ-fini si et seulement s'il n'est pas dénombrable. Posons, pour toute partie A de E, I(A) = 0 si A est dénombrable et I(A) = 1 sinon. Nous pourrons affirmer que, pour A analytique dans ExF, l'ensemble des y tels que A(y) ne soit pas dénombrable est analytique dans F si nous prouvons que I est un calibre simple : la fonction I est évidemment croissante, et satisfait la condition ii) d'après le n.6; nous démontrerons au chapitre V que la condition i) est également verifiée.

CHAPITRE IV : NOYAUX CAPACITAIRES

Au premier paragraphe, on étudie, sous le nom de noyaux capacitaires, les applications de $\phi(E)$ dans $\phi(F)$ ayant les propriétés fondamentales des projections, et on montre que ces applications sont des calibres. Le troisième paragraphe est consacré à une extension de ces notions. Au second, on établit des propriétés remarquables reliant les schémas de Souslin et les noyaux capacitaires. Enfin, on donne dans le quatrième des compléments dans le cas abstrait.

1.- NOYAUX CAPACITAIRES

1 DÉFINITION.- Un noyau capacitaire de E dans F est une application U de $\phi(E)$ dans $\phi(F)$ satisfaisant les conditions suivantes

a) si $f \leq g$, alors $Uf \leq Ug$

b) si (f_n) est une suite croissante, on a $U(\sup f_n) = \sup Uf_n$

c) si (g_n) est une suite décroissante de fonctions s.c.s., on a

$$U(\inf g_n) = \inf Ug_n$$

d) si g est s.c.s., la fonction Ug est analytique.

Si, de plus, Ug est s.c.s. quand g est s.c.s., nous dirons que U est un noyau régulier.

REMARQUES.- 1) Si D est un espace localement compact à base dénombrable, on suppose de plus dans c) et d) que les fonctions s.c.s. sont à support compact. On peut alors prolonger U au compactifié $E = D\cup\{\infty\}$ en posant $Uf = +\infty$ si $f(\infty) \neq 0$.

2) si le noyau U n'est défini que sur les parties de E, on peut le prolonger aux fonctions en posant, si $Ul_{\emptyset} = 0$ et Ul_E est finie, $Uf = \int Ul_{\{f>t\}}\, dt = \int Ul_{\{f\geq t\}}\, dt$ et, si Ul_E n'est pas finie, en combinant ce procédé avec un "Arc tg" .

On peut encore formuler la définition d'un noyau capacitaire de la manière suivante

2 DÉFINITION.- Un noyau capacitaire de E dans F est une application U de $\phi(E)$ dans $\phi(F)$ satisfaisant les conditions suivantes

a) pour tout $y \in F$, la fonction $f \to U(y,f)$ est une capacité sur E (où $U(y,f)$ désigne la valeur de la fonction Uf au point y)

b) pour toute fonction s.c.s. g sur E, la fonction $y \to U(y,g)$ est analytique sur F. Si, de plus, cette fonction est s.c.s., le noyau est dit régulier.

Nous omettrons désormais l'adjectif "capacitaire" lorsqu'il n'y aura pas d'ambiguïté possible.

3 EXEMPLES.- 1) Une capacité est un noyau régulier à valeurs dans les fonctions constantes

2) Soit h une fonction monotone croissante et continue sur $\mathbb{R}_+$: l'application qui à $f \in \phi(E)$ associe $h \circ f \in \phi(E)$ est un noyau régulier

3) Une projection est un noyau régulier

4) Plus généralement, soit α une application continue de E dans F. L'application "image directe" $A \to \alpha(A)$ est un noyau régulier (que l'on peut prolonger aux fonctions par le procédé indiqué ci-dessus : si α est une projection, on retrouve notre définition de la projection d'une fonction). Et l'application "image réciproque"

$A \to \alpha^{-1}(A)$ est également un noyau régulier. Si l'application α est seulement borélienne, on obtient encore des noyaux, non réguliers.

5) Soient ExF un produit, et G une partie compacte de ExF. L'application qui à une partie A de E associe la projection de $G \cap (A \times F)$ sur F est un noyau régulier (que nous avons déjà vu au n.20-5) du chapitre II)

6) Soient π_1 et π_2 les projections de ExE sur E. Les applications suivantes sont des noyaux réguliers de ExE dans E :

i) $f \to \sup(\pi_1 f, \pi_2 f)$ ii) $f \to \inf(\pi_1 f, \pi_2 f)$ iii) $f \to \pi_1 f + \pi_2 f$

iv) $f \to \pi_1 f . \pi_2 f$ (si f est un produit tensoriel $(f_1 x f_2)$, on retrouve, "à peu près", le sup, l'inf, la somme et le produit de f_1 et f_2).

Enfin, l'application $f \to (\pi_1 f x \pi_2 f)$ est un noyau de ExF dans ExE.

7) Soit U un noyau (positif) au sens de la théorie de la mesure, i.e. une application de $\Phi(E)$ dans $\Phi(F)$ telle que

i) pour tout $y \in F$, l'application $f \to U(y,f)$ est l'intégrale supérieure associée à une mesure sur E

ii) pour toute fonction borélienne f sur E, la fonction $y \to U(y,f)$ est borélienne sur F

Alors U est un noyau capacitaire, régulier s'il est fellerien (i.e. si Uf est une fonction continue lorsque f est continue).

8) Soit E un ensemble convexe compact dans un espace vectoriel localement convexe et métrisable. Une fonction f sur E est dite <u>concave</u> si, pour tout $x \in E$ et toute mesure λ sur E de barycentre x, on a $\int f \, d\lambda \leq f(x)$. On peut montrer que l'application qui à une fonction f sur E associe la plus petite fonction concave Uf qui la majore, est un noyau régulier (cet exemple, emprunté à MOKOBODZKI [ ], est relié au théorème de représentation intégrale de Choquet).

4 THÉORÈME.- Tout noyau capacitaire est un calibre.

DÉMONSTRATION.- Soit U un noyau de E dans F : nous supposerons U défini seulement sur les parties de E, puisque nous nous sommes limités à ce cas pour les calibres, mais ce n'est pas une restriction sérieuse. Le noyau U vérifie la condition a) du n.7 du chapitre III; il vérifie aussi b) d'après le théorème de Choquet. Vérifions enfin c). Désignons par d une distance sur $\underline{\underline{K}}(E)$ compatible avec sa topologie, et par (L_n) une suite de compacts de E telle que les L_n^c forment une base d'ouverts de E stable pour (Uf) : tout compact de E est la limite (au sens ensembliste et au sens de la topologie de $\underline{\underline{K}}(E)$) d'une sous-suite décroissante de (L_n). Posons alors, pour tout entier m, tout $y \in F$ et tout $K \in \underline{\underline{K}}(E)$, $U_m(y,K) = \sup U(y,L_n)$, L_n inclus dans la boule de centre K et de rayon 1/m de $\underline{\underline{K}}(E)$. Pour m fixé, l'application $(y,K) \to U_m(y,K)$ est analytique : en effet, pour tout $t \geq 0$, on a

$$U_m(y,K) > t \Leftrightarrow \exists n \quad d(L_n,K) < 1/m \quad \text{et} \quad U(y,L_n) > t$$

et donc $\{(y,K) : U_m(y,K) > t\}$ est $[P(\underline{\underline{G}} \cap \underline{\underline{A}})]_\sigma = \underline{\underline{A}}$. Pour achever la démonstration, il suffit de montrer que $U(y,K) = \lim_{m\to\infty} U_m(y,K)$ pour tout $y \in F$ et tout $K \in \underline{\underline{K}}(E)$. Et cela résulte aisément de la continuité à droite de la fonction $K \to U(y,K)$, pour y fixé, et du fait que tout $K \in \underline{\underline{K}}(E)$ est la limite d'une sous-suite décroissante de (L_n).

Etant donné le théorème 9 du chapitre III, on a alors

5 COROLLAIRE.- Soit U un noyau capacitaire de E dans F. Si f est analytique sur E, alors Uf est analytique sur F.

Nous verrons une autre démonstration de ce résultat au paragraphe suivant.

Nous avons défini les noyaux sur les fonctions (et non seulement sur les ensembles, comme pour les calibres), pour avoir la possibilité de composer des noyaux. Le théorème suivant est trivial; il est néanmoins important

6 THÉORÈME.- Soient U un noyau capacitaire régulier de E dans F et V un noyau capacitaire de F dans G. L'application composée V∘U est alors un noyau capacitaire de E dans G, régulier si V l'est.

REMARQUE.- Si le noyau V est tel que $V(\inf f_n) = \inf V(f_n)$ pour toute suite décroissante de fonctions analytiques bornées (ce qui est le cas, par exemple, si V est un noyau au sens de la théorie de la mesure), alors V∘U est encore un noyau même si U n'est pas régulier, du moment que $U1_E$ est bornée.

7 COROLLAIRE.- Soit U un noyau capacitaire de E dans F. Si f est universellement capacitable sur E, alors Uf est universellement mesurable sur F, et universellement capacitable si U est régulier.

DÉMONSTRATION.- Quitte à remplacer U par (Arc tg)∘U , on peut supposer $U1_E$ bornée. Alors, si λ est une mesure sur F (resp une capacité, si U est régulier), $\lambda \circ U$ est une capacité sur E. On a donc $\lambda[Uf] = \sup \lambda[Ug]$, g s.c.s., $g \leq f$. Mais Ug est analytique pour g s.c.s., et donc universellement mesurable (resp universellement capacitable), et donc $\lambda[Uf] = \sup \lambda(h)$, h s.c.s., $h \leq Uf$. Il est alors clair que Uf est λ-mesurable (resp λ-capacitable).

REMARQUE.- Pour apprécier ce résultat, il faut se souvenir que les ensembles universellement mesurables ne sont pas stables en général pour les images directes par des applications continues. Ainsi, si l'on renforce les axiomes habituels de la théorie des ensembles en ajoutant l'axiome de "constructibilité" de Goedel, il existe une fonction de [0,1] dans [0,1], dont le graphe est le complémentaire d'un ensemble analytique dans [0,1]x[0,1] (et donc universellement mesurable), telle que l'image de [0,1] par cette fonction (soit encore, la projection de son graphe sur le second facteur) ne soit pas mesurable pour la mesure de Lebesgue.

Enfin, on peut étendre des noyaux comme nous avons étendu les calibres

8 THÉORÈME.- _Soient_ G _un espace et_ U _un noyau capacitaire de_ E _dans_ F. _Posons, pour toute fonction_ f _sur_ ExG _et tout_ $(y,z)\in F\times G$,

$$\overline{U}[(y,z),f] = U(y,f_z)$$

_où_ f_z _désigne la fonction_ $x \to f(x,z)$. _L'application_ $\overline{U}$ _de_ $\Phi(E\times G)$ _dans_ $\Phi(F\times G)$ _ainsi définie est un noyau capacitaire de_ ExG _dans_ FxG, _régulier si_ U _est régulier_.

DÉMONSTRATION.- Il est clair que, pour (y,z) fixé, la fonction $f \to \overline{U}[(y,z),f]$ est une capacité sur ExG. Il reste à vérifier que, pour g s.c.s. sur ExG, la fonction $(y,z) \to \overline{U}[(y,z),g]$ est analytique, et s.c.s. si U est régulier. Mais c'est ce que nous avons fait au n.10 du chapitre III.

9 COROLLAIRE.- _Soit_ U _un noyau capacitaire de_ E _dans_ F. _Posons, pour toute fonction_ f _sur_ ExF _et tout_ $y\in F$,

$$\overline{U}(y,f) = U(y,f_y)$$

L'application $\overline{U}$ _ainsi définie est un noyau capacitaire de_ ExF _dans_ F, _régulier si_ U _est régulier_.

Voici une application à un exemple (que l'on peut traiter plus simplement) : soit d une distance sur E compatible avec sa topologie.

Posons, pour toute partie A de E, $U(x,A) = e^{-d(x,A)}$: U est un noyau régulier de E dans E (l'exponentielle servant à inverser les propriétés de monotonie de d). Donc, si A est analytique dans ExF, la fonction $(x,y) \to e^{-d(x,A(y))}$ est analytique, et l'ensemble $\{(x,y) : d(x,A(y)) \leq t\}$ est analytique pour tout $t \geq 0$: pour $t = 0$, on retrouve le fait que l'adhérence fine d'une partie analytique de ExF est analytique (cf le n.17-1) du chapitre I).

2.- SCHÉMAS DE MOKOBODZKI

D'abord, quelques rappels sur les schémas de Souslin. Nous désignons par S (resp Σ) l'ensemble des suites finies (resp infinies) d'entiers Si s est un élément de S et t un élément de S ou de Σ, la notation "$s < t$" signifie que t commence par s, et $t_1, t_2, \dots$ désignent les termes successifs de la suite t. Un schéma de Souslin sur un ensemble ϕ de fonctions sur E est une application $s \to f_s$ de S dans ϕ telle que $f_s \geq f_t$ pour $s < t$, et on appelle noyau du schéma $s \to f_s$ la fonction $f = \sup_{\sigma \in \Sigma} (\inf_{s < \sigma} f_s)$. Nous avons vu au chapitre I que toute fonction analytique est le noyau d'un schéma sur l'ensemble des fonctions s.c.s. et que tout noyau d'un schéma sur l'ensemble des fonctions analytiques est encore une fonction analytique.

10 DÉFINITION.- *Un schéma de Souslin* $s \to f_s$ *sur l'ensemble des fonctions* s.c.s. *est appelé un* schéma de Mokobodzki *si l'on a, pour tout noyau capacitaire* U *de* E *dans un espace* F,

$$U[\sup_{\sigma \in \Sigma} (\inf_{s < \sigma} f_s)] = \sup_{\sigma \in \Sigma} (\inf_{s < \sigma} Uf_s)$$

L'application $s \to Uf_s$ est un schéma de Souslin sur l'ensemble des fonctions analytiques sur F, que nous appellerons *image du* schéma $s \to f_s$ par le noyau U.

Nous allons montrer que toute fonction analytique est le noyau d'un schéma de Mokobodzki. Nous établirons d'abord la proposition facile, mais importante, suivante

11 THÉORÈME.- L'image d'un schéma de Mokobodzki par un noyau capacitaire régulier est encore un schéma de Mokobodzki.

DÉMONSTRATION.- Soient $s \to f_s$ un schéma de Mokobodzki, U un noyau régulier de E dans F et V un noyau de F dans G. Comme $W = V \circ U$ est un noyau de E dans G, on a

$$\sup_{\sigma \in \Sigma} (\inf_{s < \sigma} Wf_s) = V \circ U[\sup_{\sigma \in \Sigma} (\inf_{s < \sigma} f_s)] = V[\sup_{\sigma \in \Sigma} (\inf_{s < \sigma} Uf_s)]$$

Il est alors clair que $s \to Uf_s$ est un schéma de Mokobodzki.

12 THÉORÈME.- Toute fonction analytique est le noyau d'un schéma de Mokobodzki.

DÉMONSTRATION.- Toute projection étant un noyau capacitaire régulier, il suffit de démontrer, d'après le théorème précédent, que toute fonction borélienne élémentaire est le noyau d'un schéma de Mokobodzki. Soit f une fonction borélienne élémentaire sur E : il existe une suite décroissante (f^m), et pour chaque entier m, une suite croissante (f^m_n) de fonctions s.c.s. telle que l'on ait $f = \inf f^m$ et $f^m = \sup f^m_n$. Nous allons reprendre le schéma de Souslin du paragraphe 3 du chapitre I, et montrer que c'est un schéma de Mokobodzki. Posons, pour toute suite finie $s = s_1, \dots, s_k$, $f_s = \inf (f^1_{s_1}, f^2_{s_2}, \dots , f^k_{s_k})$: l'application $s \to f_s$ est un schéma de Souslin sur les fonctions s.c.s., de noyau égal à f. Soit maintenant U un noyau capacitaire de E dans F, et désignons par g le noyau du schéma image $s \to Uf_s$: nous allons montrer que $g = Uf$.

D'abord, on a $g \leq Uf$: en effet, pour tout $\sigma \in \Sigma$, $U(\inf_{s<\sigma} f_s) = \inf_{s<\sigma} Uf_s$ (cf n.1-c)) et donc $Uf = U[\sup_{\sigma\in\Sigma} (\inf_{s<\sigma} f_s)] \geq \sup_{\sigma\in\Sigma} U(\inf_{s<\sigma} f_s) = g$ puisque U est croissant (cf n.1-a)). Il nous reste à montrer que $g \geq Uf$. Pour $y \in F$ fixé, la fonction $I_y(.) = U(y,.)$ est une capacité sur E (cf n.2-a)) : reprenons alors la démonstration du théorème de Sion (cf n.4 du chapitre II). Pour $t \geq 0$ fixé tel que $I_y(f) > t$, il existe $\sigma \in \Sigma$ telle que l'on ait, pour tout entier k,

$$I_y[\inf (f^1_{\sigma_1}, f^2_{\sigma_2}, \ldots, f^k_{\sigma_k})] > t$$

Par conséquent, on a

$$g(y) \geq \inf_{s<\sigma} U(y,f_s) = U(y, \inf_{s<\sigma} f_s) = I_y(\inf_{s<\sigma} f_s) \geq t$$

Il est alors clair que l'on a $g(y) \geq U(y,f)$, d'où la conclusion.

REMARQUE.- Pour démontrer l'inégalité $g \leq Uf$, nous n'avons utilisé que les propriétés a) et c) du n.1. En examinant de plus près la fin de la démonstration, on peut voir que l'inégalité $g \geq Uf$ est conséquence des seules propriétés a) et b) du n.1.

Nous obtenons ainsi une nouvelle démonstration du théorème 5

13 COROLLAIRE.- Soit U un noyau capacitaire de E dans F. Si f est une fonction analytique sur E, alors Uf est analytique sur F.

REMARQUE.- Les fonctions analytiques ont été définies comme images de fonctions analytiques particulières (les fonctions boréliennes élémentaires) par des noyaux capacitaires réguliers particuliers (les projections). Le théorème précédent, qui est en quelque sorte un prolongement de la définition, montre que les noyaux capacitaires réguliers - stables par composition - forment une classe naturelle de morphismes pour une catégorie dont nous laissons au lecteur le soin de la définition.

3.- PROJECTIONS CAPACITAIRES

On rencontre malheureusement, d'une manière naturelle, des êtres un peu plus compliqués que les noyaux capacitaires. En voici un exemple simple : pour tout $t > 0$ et toute $f \in \Phi(E)$, posons $P_t f = 1_{\{f>t\}}$ et $Q_t f = 1_{\{f \geq t\}}$. Pour t fixé, P_t (resp Q_t) satisfait les conditions a) et b) (resp a), c) et d)) du n.1, mais pas les conditions c) et d) (resp b)). Cependant, en faisant varier t, on obtient un P_s (resp Q_s) comme limite à droite (resp à gauche) des Q_t (resp P_t). Dans la définition générale suivante, nous avons omis les arguments "(y,f)"; nous continuerons à le faire par la suite

14 DÉFINITION.- Une projection capacitaire de E dans F est une famille de couples (P_t, Q_t) de $\Phi(E)$ dans $\Phi(F)$, indexée par un intervalle ouvert de $\mathbb{R}$, satisfaisant les conditions suivantes

a) si $f \leq g$, alors $P_t f \leq P_t g$ et $Q_t f \leq Q_t g$ pour tout t

b) si (f_n) est une suite croissante, on a, pour tout t

$$P_t(\sup f_n) = \sup P_t f_n$$

c) si (g_n) est une suite décroissante de fonctions s.c.s., on a, pour tout t, $$Q_t(\inf g_n) = \inf Q_t g_n$$

d) si g est s.c.s., la fonction $Q_t g$ est analytique pour tout t (si elle est encore s.c.s., la projection capacitaire est régulière)

e) les applications $t \to P_t$ et $t \to Q_t$ sont monotones décroissantes et l'on a, pour tout t, $P_t = \lim_{s \to t, s > t} Q_s \qquad Q_t = \lim_{s \to t, s < t} P_s$

Nous allons donner maintenant quelques exemples de projections capacitaires : ils seront intimement liés à certains noyaux capacitaires. Nous verrons au chapitre VI une projection capacitaire qui n'est pas liée "naturellement" à un noyau.

15 EXEMPLES.- 1) Tout noyau capacitaire, considéré comme application constante en "t", est évidemment une projection capacitaire.

2) Soit U un noyau capacitaire de E dans F, et posons, pour tout $t > 0$ et toute $f \in \Phi(E)$, $P_t f = 1_{\{y : U(y,f) > t\}}$ $\quad Q_t f = 1_{\{y : U(y,f) \geq t\}}$
La famille (P_t, Q_t) ainsi définie est une projection capacitaire (régulière si U est régulier). Si on prend E = F, et U = identité, on retrouve l'exemple du début.

3) Soit encore U un noyau de E dans F, et étendons U en un noyau $\overline{U}$ (resp $\bar{U}$) de ExG dans FxG (resp de ExF dans F) suivant les procédés des n.8 et 9. Si on applique à $\overline{U}$ ou à $\bar{U}$ la construction de l'exemple précédent, on obtient une nouvelle notion de projection capacitaire associée au noyau U. Prenons, en particulier, pour U une capacité : si A est analytique dans ExF, l'ensemble des $y \in F$ tels que la capacité de la coupe A(y) soit supérieure à un niveau donné est fourni par la projection capacitaire construite à partir de $\bar{U}$ (d'où le nom de "projection")

4) Pour tout $t > 0$ et toute $f \in \Phi(E)$, posons

$$P_t f = \{(x,u) \in E \times \overline{\mathbb{R}} : f(x) > tu\} \qquad Q_t f = \{(x,u) \in E \times \overline{\mathbb{R}} : f(x) \geq tu\}$$

(pour t = 1, $P_t f$ (resp $Q_t f$) est le sous-graphe ouvert (resp fermé) de f dans $E \times \overline{\mathbb{R}}$). La famille (P_t, Q_t) ainsi définie est une projection capacitaire. Il n'est pas difficile de voir qu'il existe un noyau U défini sur les parties de $E \times \overline{\mathbb{R}}$, à valeurs dans $\Phi(E)$, tel que l'on ait $U(P_t f) = U(Q_t f) = f/t$ pour tout $t > 0$ et toute $f \in \Phi(E)$.

16 THÉORÈME.- Soit (P_t, Q_t) une projection capacitaire de E dans F. L'application P_t est alors, pour tout t, un calibre de E dans F.

DÉMONSTRATION.- Quitte à remplacer P_t par (Arc tg)$\circ P_t$ et Q_t par (Arc tg)$\circ Q_t$, on peut supposer les $P_t f$ et $Q_t f$ majorés uniformément en t et f par une constante. Posons, pour tout entier n et tout t,

$$U_t^n = \int_t^{t+1/n} P_s \, ds = \int_t^{t+1/n} Q_s \, ds$$

On vérifie aisément que, pour n et t fixés, U_t^n est un noyau capacitaire de E dans F, et que, pour t fixé, P_t est égale à la limite croissante des $n.U_t^n$. Une limite croissante de calibres étant encore un calibre, le théorème résulte du théorème 4.

17 COROLLAIRE.- Soit (P_t, Q_t) une projection capacitaire de E dans F. Si f est une fonction analytique sur E, alors $P_t f$ et $Q_t f$ sont, pour chaque t, des fonctions analytiques sur F.

Notons enfin que l'on peut étendre aux projections capacitaires, de manière évidente, les opérations de composition et d'extensions que nous avons définies pour les noyaux capacitaires. On obtient ainsi de nouvelles projections capacitaires, avec conservation de la regularité comme pour les noyaux.

4.- COMPLÉMENTS

18 Les notions de noyaux capacitaires et de projections capacitaires s'étendent sans difficulté au cas des espaces pavés sans topologie. Mais comme ce n'est pas le cas pour les calibres, il n'est pas évident que les théorèmes que nous avons demontrés sont encore valables. Cependant, le paragraphe 2 ne faisant intervenir que des schémas de Souslin, les théorèmes "d'analyticité" des n.13 et 17 sont encore vrais, ainsi que le théorème d'existence des schémas de Mokobodzki. Un autre point à vérifier est que nos

procédés d'extensions de noyaux ou projections fournissent encore des noyaux ou projections. Limitons nous au cas des noyaux réguliers. Soit U un noyau régulier de $(E,\underline{\underline{E}})$ dans $(F,\underline{\underline{F}})$, i.e. une application de $\phi(E)$ dans $\phi(F)$ telle que i) pour $y\in F$ fixé, $f \to U(y,f)$ est une $\underline{\underline{E}}$-capacité sur E ii) si f appartient au pavage $\underline{\underline{E}}$, $y \to U(y,f)$ appartient au pavage $\underline{\underline{F}}$. Soit maintenant $(G,\underline{\underline{G}})$ un autre espace pavé : nous supposerons que $\underline{\underline{G}}$ est constitué d'ensembles et contient G. Nous désignerons alors par $\underline{\underline{E}}\boxtimes\underline{\underline{G}}$ (resp $\underline{\underline{F}}\boxtimes\underline{\underline{G}}$) l'ensemble des fonctions g sur ExG (resp FxG) de la forme

$$g = \sup\ [(f_1 x L_1),\ldots,(f_n x L_n)]$$

où n est un entier, f_i un élément de $\underline{\underline{E}}$ et L_i un élément de $\underline{\underline{G}}$ pour $i = 1,\ldots,n$: la condition que $\underline{\underline{G}}$ soit constitué d'ensembles assure que $\underline{\underline{E}}\boxtimes\underline{\underline{G}}$ et $\underline{\underline{F}}\boxtimes\underline{\underline{G}}$ sont des pavages. Prolongeons alors U en $\overline{U}$ en posant, comme d'habitude,

$$\overline{U}[(y,z),f] = U(y,f_z)$$

où f est une fonction sur ExG et f_z désigne la fonction $x \to f(x,z)$ pour z fixé. La seule chose non évidente à vérifier, pour assurer que $\overline{U}$ est un noyau, est que $\overline{U}g$ appartient à $\underline{\underline{F}}\boxtimes\underline{\underline{G}}$ si g appartient à $\underline{\underline{E}}\boxtimes\underline{\underline{G}}$. Et cela résulte du lemme suivant (que je trouve amusant; il m'a coûté jadis une nuit blanche : je suis bien content de le caser quelquepart)

.9 THÉORÈME.- *Soit* r *une application* croissante *de* $\phi(E)$ *dans* $\phi(F)$, *dont la restriction à* $\underline{\underline{E}}$ *est à valeurs dans* $\underline{\underline{F}}$. *Prolongeons* r *en une application* ρ *de* $\phi(ExG)$ *dans* $\phi(FxG)$ *en posant*, *pour* $f\in\phi(ExG)$ *et* $(y,z)\in FxG$

$$\rho[(y,z),f] = r(y,f_z)$$

La restriction de ρ *à* $\underline{\underline{E}}\boxtimes\underline{\underline{G}}$ *est alors à valeurs dans* $\underline{\underline{F}}\boxtimes\underline{\underline{G}}$.

DÉMONSTRATION.- Pour toute $g \in \underline{\underline{E}} \boxtimes \underline{\underline{G}}$, il existe un plus petit entier $d(g)$ (appelé dimension de g) tel qu'il existe $f_i \in \underline{\underline{E}}$ et $L_i \in \underline{\underline{G}}$, $i = 1,\dots,d(g)$ pour lesquels on ait $g = \sup\ [(f_1 x L_1),\dots,(f_{d(g)} x L_{d(g)})]$. Nous allons raisonner par récurrence sur $d(g)$. D'abord, si $d(g) = 1$, on a $g = f_1 x L_1$, $f_1 \in \underline{\underline{E}}$, $L_1 \in \underline{\underline{G}}$, et donc $\rho(g) = \sup\ [(r(f_1) x L_1),(r(0) x G)]$ appartient à $\underline{\underline{F}} \boxtimes \underline{\underline{G}}$. Supposons démontré que la restriction de ρ à l'ensemble des éléments de $\underline{\underline{E}} \boxtimes \underline{\underline{G}}$ de dimension $\leq n$ soit à valeurs dans $\underline{\underline{F}} \boxtimes \underline{\underline{G}}$, et soit $g \in \underline{\underline{E}} \boxtimes \underline{\underline{G}}$ de dimension $n+1$ (nous conseillons au lecteur de faire un dessin avec $n = 3$). Par définition, il existe $f_i \in \underline{\underline{E}}$ et $L_i \in \underline{\underline{G}}$ pour $i = 1,\dots,n+1$ tels que l'on ait

$$g = \sup\ [(f_1 x L_1),\dots,(f_n x L_n),(f_{n+1} x L_{n+1})]$$

Soit alors $g_i = (f_i x L_i)$ pour $i = 1,\dots,n+1$ et posons

$$g^1 = \sup\ (g_1,\dots,g_n)$$
$$g^2 = g^{n+1}$$
$$g^3 = g \wedge ([\bigvee_1^{n+1} f_i] x [(\bigcup_1^{n} L_i) \cap L_{n+1}]),\ \text{soit encore},$$
$$g^3 = \sup\ [(f_1 \vee f_{n+1} x L_1 \cap L_{n+1}),\dots,(f_n \vee f_{n+1} x L_n \cap L_{n+1})]$$

On a évidemment $g = \sup\ (g^1,g^2,g^3)$ et donc l'inégalité (*) suivante : $\rho(g) \geq \sup\ [\rho(g^1),\rho(g^2),\rho(g^3)]$. D'autre part, on a $d(g^1) \leq n$, $d(g^2) = 1$ et $d(g^3) \leq n$: les fonctions $\rho(g^1)$, $\rho(g^2)$ et $\rho(g^3)$ appartiennent ainsi à $\underline{\underline{F}} \boxtimes \underline{\underline{G}}$. Nous allons montrer que l'inégalité (*) est en fait une égalité, ce qui achèvera la démonstration. Pour $z \in G$ fixé, la fonction g_z est égale à l'une des trois fonctions g_z^1, g_z^2, g_z^3, et donc la fonction $\rho(g)_z$, égale par définition à $y \to r(y,g_z)$, est égale à l'une des trois fonctions $\rho(g^1)_z, \rho(g^2)_z, \rho(g^3)_z$. D'où la conclusion.

CHAPITRE V : ÉPAISSEURS

Nous n'avons jusqu'ici donné aucun moyen pour vérifier qu'une précapacité (qui n'est pas une capacité) est un calibre. Nous avons cependant cité l'exemple de la fonction J qui vaut 0 sur les ensembles (au plus) dénombrables et 1 sur les autres. Cette précapacité J est intimement liée à la capacité I qui vaut 0 sur l'ensemble vide et 1 sur les autres de la manière suivante : on a $J(A) = 1$ si et seulement si A contient les éléments d'une famille non dénombrable (K_i) de compacts disjoints tels que $I(K_i) = 1$ pour tout i. Au paragraphe 2, nous allons généraliser cette situation en définissant l'épaisseur J engendrée par une capacité I : en gros, un ensemble A aura une épaisseur $J(A) > t$ si A contient les éléments d'une famille non dénombrable (K_i) de compacts disjoints tels que $I(K_i) > t$ pour tout i. Et nous montrerons que l'épaisseur J est une précapacité et un calibre.
Nous étudierons au paragraphe 3 les ensembles d'épaisseur nulle, dont les ensembles semi-polaires en théorie du potentiel et les ensembles σ-finis en théorie des mesures de Hausdorff sont des exemples. Le paragraphe 4 contient des compléments dans le cas abstrait, et le paragraphe 1 est consacré à un théorème technique fondamental, que nous illustrerons en étudiant l'exemple le plus simple d'épaisseur cité au début.

1.- PRÉCAPACITÉS DICHOTOMIQUES

1 DÉFINITION.- Soit J une précapacité sur E. On dit que J est dichotomique si elle satisfait la condition suivante :

pour toute partie analytique A de E et tout $t \in \mathbb{R}_+$ tel que $J(A) > t$, il existe deux compacts disjoints K_0 et K_1 tels que l'on ait $J(A \cap K_i) > t$ pour $i = 0,1$.

2 EXEMPLES.- 1) la précapacité J qui vaut 0 sur les ensembles dénombrables et 1 sur les autres est dichotomique. En effet, si A n'est pas dénombrable, on peut prendre pour K_0 et K_1 deux voisinages compacts disjoints de deux points de condensation distincts de A (cf le n.4 du chapitre III)

2) on peut montrer que la capacité newtonienne est dichotomique (cf CHOQUET [ ]).

Nous allons énoncer maintenant le théorème technique fondamental. Mais nous aurons besoin pour cela des notations suivantes.

3 Nous désignerons par D l'ensemble des "mots dyadiques" finis engendrés par 0 et 1, par D_n celui des mots de longueur n. Si m appartient à D, nous noterons m0 (resp m1) le mot obtenu en ajoutant 0 (resp 1) à l'extremité droite de m. L'ensemble $D_\infty = \{0,1\}^{\mathbb{N}}$ des mots dyadiques infinis sera muni de la topologie métrisable compact produit. Enfin, si μ appartient à D ou à D_∞, nous désignerons par μ_n le mot de longueur n constitué par les n premiers termes de μ (supposé de longueur $\geqslant$ n s'il est fini).

4 THÉORÈME. - <u>Soit</u> J <u>une précapacité dichotomique sur</u> E. <u>Pour toute partie analytique</u> A <u>d'un produit</u> ExF <u>et tout</u> $t \in \mathbb{R}_+$ <u>tel que</u> $J[\pi(A)] > t$ (<u>où</u> π <u>désigne la projection sur</u> E), <u>il existe une application continue</u> $\mu \to K_\mu$ <u>de</u> D_∞ <u>dans</u> $\underline{\underline{K}}(E\times F)$ <u>satisfaisant les conditions</u>

a) <u>les compacts</u> $\pi(K_\mu)$ <u>sont disjoints dans</u> E

b) <u>la réunion des</u> K_μ <u>est un compact</u> K <u>inclus dans</u> A

c) <u>pour tout</u> $\mu \in D_\infty$, <u>on a</u> $J[\pi(U)] > t$ <u>pour tout ouvert</u> U <u>contenant</u> K_μ

DÉMONSTRATION. - Rappelons que tout ensemble analytique est la projection d'un borélien élémentaire, i.e. d'un ensemble $\underline{\underline{K}}_{\sigma\delta}$. Comme pour le théorème de Sion, nous pouvons nous ramener au cas où A est $\underline{\underline{K}}_{\sigma\delta}$. Cela résulte aisément des faits suivant : la projection d'un ouvert est un ouvert; une projection "commute" avec les réunions quelconques; la restriction d'une projection aux parties compactes est continue pour la topologie de Hausdorff. Soit donc, pour chaque entier p, (L^p_q) une suite croissante de compacts, de réunion L^p, telle que $A = \bigcap_p L^p$. Notons d'abord que, si B est $\underline{\underline{K}}_\sigma$ dans ExF et si $J[\pi(A\cap B)] > t$, alors il existe deux compacts $\Delta_0(B)$ et $\Delta_1(B)$ contenus dans B, ayant leurs projections sur E disjointes, tels que l'on ait $J[\pi(A\cap\Delta_i(B))] > t$ pour i = 0,1 : en effet, B étant la réunion d'une suite croissante de compacts (B_n), il existe un entier k tel que $J[\pi(A\cap B_k)] > t$, et, si K_0 et K_1 sont deux compacts disjoints de E tels que $J[\pi(A\cap B_k)\cap K_i] > t$ pour i = 0,1 (cf le n.1), il suffit de poser $\Delta_i(B) = B_k \cap (K_i \times F)$ pour i = 0,1. Nous allons définir maintenant, par récurrence, une application $m \to K_m$ de D dans $\underline{\underline{K}}(E\times F)$. Posons

$$K_0 = \Delta_0(L^1) \qquad\qquad K_1 = \Delta_1(L^1)$$

ce qui est possible, puisque L^1 est $\underline{\underline{K}}_\sigma$ et contient A, et, d'une manière générale, si m est de longueur n, et si K_m est défini,

$$K_{m0} = \Lambda_0[K_m \cap L^{n+1}] \qquad K_{m1} = \Delta_1[K_m \cap L^{n+1}]$$

ce qui est possible, puisque $K_m \cap L^{n+1}$ est $\underline{\underline{K}}_\sigma$, que L^{n+1} contient A et que $J[\pi(A \cap K_m)] > t$ par construction. Notre application $\mu \to K_\mu$ de D_∞ dans $\underline{\underline{K}}(E \times F)$ sera alors définie par $K_\mu = \bigcap_n K_{\mu_n}$. Vérifions que cette application a bien les propriétés requises. D'abord, si m et m' sont deux mots finis distincts de même longueur, les compacts K_m et $K_{m'}$ ont leurs projections sur E disjointes, et donc les compacts $\pi(K_\mu)$ sont disjoints. Ensuite, on a, par distributivité, $K = \bigcup_\mu \bigcap_n K_{\mu_n} = \bigcap_n \bigcup_{m \in D_n} K_m$ car les K_m, pour $m \in D_n$, sont disjoints, et, l'ensemble D_n étant fini pour tout n, K est compact. D'autre part, comme K_{μ_n} est inclus dans L^n pour tout μ et tout n, K_μ est inclus dans A pour tout μ : le compact K est donc contenu dans A. Enfin, K_μ est l'intersection de la suite décroissante des compacts K_{μ_n} : si U est un ouvert de ExF contenant K_μ, U contient K_{μ_n} pour n assez grand, et donc on a $J[\pi(U)] > t$. Il ne reste plus à vérifier que l'application $\mu \to K_\mu$ est continue. Soit $\mu \in D_\infty$ et soient U_i des ouverts de ExF pour $i = 0,1,\dots,k$ tels que l'on ait $K_\mu \subset U_0$ et $K_\mu \cap U_i \neq \emptyset$ pour $i = 1,\dots,k$. Il existe alors des ouverts V_i tels que l'on ait $\overline{V}_i \subset U_i$ et $K_\mu \cap V_i \neq \emptyset$ pour $i = 1,\dots,k$. Et si n est un entier tel que K_{μ_n} soit contenu dans U_0, et si μ' appartient à l'ensemble ouvert $\{\nu \in D_\infty : \nu_n = \mu_n\}$, on a $K_{\mu'} \subset U_0$ et $K_{\mu'} \cap \overline{V}_i \neq \emptyset$ pour $i = 1,\dots,k$. La continuité de $\mu \to K_\mu$ est alors claire.

En fait, l'énoncé du théorème est un peu redondant : la continuité de $\mu \to K_\mu$ suffit pour assurer que $K = \bigcup K_\mu$ est compact. En effet, le graphe $\{(\mu,L) \in D_\infty \times \underline{\underline{K}}(E \times F) : L = K_\mu\}$ de cette application est compact, et on a, en symboles logiques,

$$(x,y) \in K \iff \exists \mu \quad \exists L \quad (x,y) \in L \text{ et } L = K_\mu$$

REMARQUES.- 1) Le théorème se renforce de lui-même de la manière suivante. Soit $(\mu,\nu) \to \mu*\nu$ l'application continue de $D_\infty x D_\infty$ dans D_∞ définie de la manière suivante : le (2n-1)-ième (resp 2n-ième) terme de la suite $\mu*\nu$ est égal au n-ième terme de la suite μ (resp ν). Pour ν fixé, l'application partielle $\mu \to K_{\mu*\nu}$ satisfait les conditions de l'énoncé, et le compact K est alors la réunion des compacts à projections disjointes $L_\nu = \bigcup_\mu K_{\mu*\nu}$, chacun des compacts L_ν étant lui-même la réunion des compacts à projections disjointes $K_{\mu*\nu}$.

2) Bien entendu, l'application $m \to K_m$ construite dans la démonstration peut s'interpréter comme un schéma de Souslin particulier. Et, un schéma de Souslin $s \to K_s$ sur les compacts de E définit aussi une application continue $\sigma \to K_\sigma = \bigcap_{s<\sigma} K_s$ de Σ dans $\underline{\underline{K}}(E)$. La méthode de définition d'ensembles analytiques à l'aide de fonctions "semi-continues" de Σ dans l'ensemble des compacts d'un espace topologique séparé, introduite par ROGERS [ ], s'est révélée fructueuse dans le cadre topologique "général".

Dans la situation présente, comme dans celle du théorème de Sion, on ne peut en général rien dire de la valeur des $J[\pi(K_\mu)]$ et de $J[\pi(K)]$. Cependant, supposons que la précapacité J soit majorée par une capacité I : alors, d'après c), on a $I[\pi(K_\mu)] \geqslant t$ pour tout μ, et ainsi $\pi(K)$ est la réunion d'une famille non dénombrable de compacts disjoints de capacité $\geqslant t$. C'est un des arguments que nous utiliserons au paragraphe suivant pour démontrer qu'une épaisseur est un calibre. Bornons nous ici à étudier la plus simple des épaisseurs

5 THÉORÈME.- La fonction J qui vaut 0 sur les parties dénombrables de E et 1 sur les autres est un calibre.

DÉMONSTRATION.- Nous avons déjà vérifier au n.12-3) du chapitre IV que la restriction de J à $\underline{\underline{K}}(E)$ est une fonction analytique. Il nous reste à montrer que si A est analytique dans un produit ExF, et si $\pi(A)$ n'est pas dénombrable, alors A contient un compact K tel que $\pi(K)$ ne soit pas dénombrable. Mais, J est une précapacité dichotomique (cf le n.2-1)), et majore la capacité I qui vaut 0 sur l'ensemble vide et 1 sur les autres. Appliquons le théorème 4 : chaque K_μ est non vide, et donc le compact $\pi(K)$ est non dénombrable.

Nous allons obtenir comme corollaire deux théorèmes "classiques"

6 THÉORÈME (de Souslin).- Tout ensemble analytique non-dénombrable contient un compact non-dénombrable, et a la puissance du continu.

DÉMONSTRATION.- La première partie est une conséquence immédiate du théorème précédent, et la seconde, du fait connu depuis Cantor que tout parfait non vide a la puissance du continu. Mais, plus immédiatement, elle résulte tout simplement du fait que D_∞ a la puissance du continu.

7 THÉORÈME (de Mazurkiewicz-Sierpinski).- Soit A une partie analytique d'un produit ExF. L'ensemble des $y \in F$ tels que la coupe A(y) ne soit pas dénombrable dans E est analytique dans F.

DÉMONSTRATION.- On étend le calibre J en un calibre de ExF dans F (cf le n.11 du chapitre IV) et on applique le théorème 9 du même chapitre IV.

2.- ÉPAISSEURS

8 Dans toute la suite de ce chapitre, nous désignerons par I une capacité sur E, et nous supposerons que I satisfait les trois conditions suivantes

i) $I(\emptyset) = 0$

ii) si $I(A) = 0$ et $I(B) = 0$, alors $I(A \cup B) = 0$

iii) pour toute partie B de E, $I(B) = \inf I(A)$, $A \supset B$, A analytique

La condition i) sert à éviter des trivialités. La condition iii) est anodine lorsqu'on ne s'intéresse qu'aux ensembles analytiques : toute "capacité" definie seulement sur les parties analytiques peut être prolongée en une vraie capacité par le procédé de iii). Enfin, la condition ii) est vérifiée par la plupart des capacités usuelles; elle assure, avec la condition b) du n.1 du chapitre II, que la classe des ensembles de capacité nulle est stable pour (Ud).

Nous donnerons à la fin de ce paragraphe quelques exemples de capacités auxquelles il est intéressant d'appliquer les résultats de ce chapitre.

9 DÉFINITION.- On appelle épaisseur la fonction J sur $\mathfrak{P}(E)$ définie de la manière suivante

a) si A est analytique dans E, J(A) est la borne supérieure des $t \geq 0$ tels que A contienne les éléments d'une famille non dénombrable d'ensembles analytiques disjoints de capacité $\geq t$.

b) si B est quelconque, $J(B) = \inf J(A)$, $A \supset B$, A analytique.

REMARQUE IMPORTANTE.- Comme tout ensemble analytique est I-capacitable, on peut remplacer "analytiques disjoints" par "compacts disjoints" dans a).

10 THÉORÈME.- L'épaisseur J est une précapacité dichotomique.

DÉMONSTRATION.- La fonction J est évidemment croissante. Pour vérifier que J est une précapacité, nous devons montrer que, si (A_n) est une suite croissante de réunion A, alors $J(A) = \sup J(A_n)$ On peut supposer $J(A) > 0$, et aussi que les A_n et A sont analytiques. Pour $t < J(A)$, soit $(H_\lambda)_{\lambda\in L}$ une famille non dénombrable d'ensembles analytiques disjoints telle que H_λ soit de capacité $> t$ et contenu dans A pour tout $\lambda \in L$. Comme I est une précapacité, il existe une application $\lambda \to n(\lambda)$ de L dans $\mathbb{N}$ telle que $I(A_{n(\lambda)} \cap H_\lambda) > t$ pour tout λ. L'ensemble L n'étant pas dénombrable, il existe alors un entier n tel que l'ensemble $\{\lambda\in L : I(A_n \cap H_\lambda) > t\}$ ne soit pas dénombrable, et on a alors $J(A_n) > t$. D'où $J(A) = \sup J(A_n)$. Vérifions maintenant que la précapacité J est dichotomique. Nous devons montrer que, si A est analytique et si $J(A) > t$, il existe deux compacts disjoints K_0 et K_1 tels que $J(A \cap K_i) > t$ pour $i = 0,1$. Soit encore $(H_\lambda)_{\lambda\in L}$ une famille non dénombrable d'ensembles disjoints, que nous supposerons ici compacts, telle que H_λ soit de capacité $> t$ et contenu dans A pour tout t. La famille (H_λ) est un sous-ensemble non dénombrable de $\underline{\underline{K}}(E)$. Soit H_0 et H_1 deux points de condensation de (H_λ) dans $\underline{\underline{K}}(E)$ appartenant à (H_λ) : H_0 et H_1 sont disjoints, et on peut prendre pour K_0 et K_1 deux voisinages compacts disjoints de H_0 et H_1 dans E.

11 THÉORÈME.- L'épaisseur J est un calibre.

DÉMONSTRATION.- Vérifions d'abord que si A est analytique dans un produit ExF, alors $J[\pi(A)] = \sup J[\pi(K)]$, $K \subset A$, $K \in \underline{\underline{K}}(E\times F)$. Soit $t < J[\pi(A)]$. D'après le théorème 4, il existe une application

continue $\mu \to K_\mu$ de D_∞ dans $\underline{\underline{K}}(E\times F)$ telle que i) les $\pi(K_\mu)$ soient disjoints ii) la réunion K des K_μ est un compact contenu dans A iii) on a $J[\pi(U)] > t$ pour tout ouvert U contenant K_μ, pour tout μ. On a ainsi $I[\pi(K_\mu)] \geq t$ pour tout μ, et donc $J[\pi(K)] \geq t$.
Vérifions maintenant que la restriction de J à $\underline{\underline{K}}(E)$ est une fonction analytique. Toujours d'après le théorème 4, le compact $L \in \underline{\underline{K}}(E)$ a une épaisseur $J(L) \geq t$ si et seulement s'il existe, pour tout rationnel $r < t$, une application continue $\mu \to K_\mu$ de D_∞ dans $\underline{\underline{K}}(E)$ telle que les K_μ soient disjoints, de capacité $\geq r$, et contenus dans L. L'application $\mu \to K_\mu$ étant continue, la famille (K_μ) est compacte dans $\underline{\underline{K}}(E)$: c'est donc un élément de $\underline{\underline{K}}[\underline{\underline{K}}(E)]$. En symboles logiques, on a

$$
\begin{aligned}
J(L) \geq t \quad = \quad & \forall r<t \quad \exists (K_\mu) \in \underline{\underline{K}}[\underline{\underline{K}}(E)] \quad [\forall H \in \underline{\underline{K}}(E) \quad H \notin (K_\mu) \quad \text{ou} \quad H \subset L] \\
& \text{et} \quad [\forall H \in \underline{\underline{K}}(E) \quad H \notin (K_\mu) \quad \text{ou} \quad I(H) \geq r] \\
& \text{et} \quad [\forall (H,H') \in \underline{\underline{K}}(E) \times \underline{\underline{K}}(E) \quad H \notin (K_\mu) \quad \text{ou} \quad H' \notin (K_\mu) \quad \text{ou} \quad H = H' \\
& \qquad \text{ou} \quad H \cap H' = \emptyset]
\end{aligned}
$$

Pour r rationnel $< t$ fixé, le premier crochet définit un $CPC(\underline{\underline{G}} \cup \underline{\underline{K}}) = \underline{\underline{G}}_\delta$ le second également un $CPC(\underline{\underline{G}} \cup \underline{\underline{K}}) = \underline{\underline{G}}_\delta$ (la restriction de la capacité I à $\underline{\underline{K}}(E)$ étant une fonction s.c.s.), et le troisième définit un $CPC[CPC(\underline{\underline{G}} \cup \underline{\underline{G}} \cup \underline{\underline{K}} \cup \underline{\underline{G}})] = \underline{\underline{G}}_\delta$. Et donc, pour t fixé, l'ensemble des $L \in \underline{\underline{K}}(E)$ tels que $J(L) \geq t$ est $[P(\underline{\underline{G}}_\delta)]_\delta = \underline{\underline{A}}$. D'où l'analyticité de la fonction J.

Nous sommes maintenant en mesure de généraliser les théorèmes de Souslin et de Mazurkiewicz-Sierpinski du paragraphe précédent.

.2 COROLLAIRE.- <u>Toute partie analytique</u> A <u>de</u> E <u>est</u> J-<u>capacitable</u>, <u>i.e.</u>

$$J(A) = \sup J(K),\ K \subset A,\ K \in \underline{\underline{K}}(E)$$

<u>En particulier, tout ensemble analytique d'épaisseur</u> >0 <u>contient un compact d'épaisseur</u> >0.

REMARQUE.- Le raffinement du théorème 4 (cf la remarque 1) du n.4) permet de conclure qu'un ensemble analytique A d'épaisseur $J(A) > t$ contient un compact K égal à la réunion d'une famille "continue" de compacts disjoints d'épaisseur $> t$.

13 COROLLAIRE.- Soit A une partie analytique d'un produit ExF. La fonction qui, à $y \in F$, associe l'épaisseur de la coupe A(y) est analytique sur F. En particulier, l'ensemble des $y \in F$ tels que A(y) ait une épaisseur > 0 est analytique dans F.

Voici maintenant quelques exemples de capacités que nous retrouverons plus loin. La compréhension de certains nécessite des connaissances specialisées.

14 EXEMPLES.- 1) Le premier a été deja vu : I est la capacité qui vaut 0 sur l'ensemble vide et 1 sur les autres. Chacun des autres exemples contiendra celui-ci comme cas particulier.

2) Soit $\mathcal{L}$ un ensemble de mesures sur E compact pour la topologie vague (rappelons que la famille filtrante de mesures (λ_i) converge vaguement vers la mesure λ si $(\lambda_i(f))$ converge vers $\lambda(f)$ pour toute fonction continue f sur E; cette topologie est métrisable, et un ensemble vaguement fermé $\mathcal{L}$ est compact si sup $\lambda(1)$, $\lambda \in \mathcal{L}$, est fini). Pour tout ensemble analytique A, posons $I(A) = \sup_{\lambda \in \mathcal{L}} \lambda(A)$ et prolongeons I suivant le procédé du n.8-iii). La fonction I ainsi définie est une capacité qui satisfait les conditions du n.8. Le seul point non évident à vérifier est que $I(\inf K_n) = \inf I(K_n)$ pour toute suite décroissante de compacts (K_n). Mais cela résulte du fait que, pour $K \in \underline{\underline{K}}(E)$ fixé, l'application $\lambda \to \lambda(K)$ est s.c.s. pour la topologie vague, et du "théorème du minimax" qui assure

que, si (f_n) est une suite décroissante de fonctions s.c.s. sur un compact F, alors $\inf_n \sup_y f_n(y) = \sup_y \inf_n f_n(y)$.

3) Cet exemple fait appel aux définitions et notations habituelles des processus de Markov. Soit (P_t) une semi-groupe de Hunt sur E, vérifiant l'hypothèse d'absolue continuité, et soit λ une mesure de référence. Pour tout ensemble analytique A, désignons par T_A son temps d'entrée (pour la réalisation canonique) et posons $I(A) = P^\lambda\{T_A < +\infty\}$. On peut alors prolonger I en une capacité vérifiant les conditions du n.8. Les ensembles de capacité nulle pour I sont les ensembles polaires pour le processus.

4) Cet exemple sera développé au chapitre VI. Soit α une fonction croissante et continue sur $\underline{\underline{K}}(E)$, telle que l'on ait $\alpha(K) > 0$ si K a au moins deux points. Posons $I(\emptyset) = 0$, et, pour toute partie A non vide, $I(A) = \inf \Sigma \alpha(K_n)$ où (K_n) est un recouvrement dénombrable de A par des compacts, et où l'inf est pris sur l'ensemble de ces recouvrements. Nous verrons que l'on définit ainsi une capacité vérifiant les conditions du n.8 (le point difficile à vérifier est que $I(\sup A_n) = \sup I(A_n)$ pour toute suite croissante (A_n)).

5) Cet exemple est étudié, sous des hypothèses un peu différentes, dans DELLACHERIE [25]. Prenons pour E un espace produit FxG, et soient λ une mesure sur F, π la projection de FxG sur F. La capacité est ici définie par $I(A) = \lambda^*[\pi(A)]$, pour A partie de FxG.
On peut montrer que, pour A analytique, l'épaisseur J(A) est égale à la mesure $\lambda[\rho(A)]$ où $\rho(A)$ désigne l'ensemble des $y \in F$ tels que la coupe A(y) ne soit pas dénombrable (on sait que $\rho(A)$ est analytique - et donc λ-mesurable - d'après le théorème 7).

3.- ENSEMBLES MINCES

Très souvent la capacité I n'est qu'un "outil" , comme dans l'exemple 14-3) en théorie des processus de Markov, ou dans l'exemple 14-4) en théorie des mesures de Hausdorff. La fonction épaisseur J n'a alors qu'un intérêt mineur. Par contre, les ensembles de capacité nulle sont souvent intéressants (dans l'exemple 14-3), ce sont les ensembles polaires; dans l'exemple 14-4), ce seront les ensembles de mesure de Hausdorff nulle), et aussi les ensembles d'épaisseur nulle, dont la définition ne fait intervenir en fait que la classe des ensembles de capacite nulle : ils se présentent souvent comme des ensembles "exceptionnels" de la théorie envisagée. Aussi poserons nous

15 DÉFINITION.- Une partie de E est dite mince si son épaisseur est nulle.

Nous allons nous intéresser particulièrement aux rapports entre ensembles minces et compacts minces.

16 THÉORÈME.- Un ensemble analytique M est mince si et seulement s'il existe une suite (K_n) de compacts minces et un ensemble analytique N de capacité nulle tels que $M = (\bigcup_n K_n) \cup N$. Si M est mince, il existe une telle représentation où les compacts K_n sont disjoints, et disjoints de N.

DÉMONSTRATION.- Supposons M mince et $I(M) > 0$. Et soit $\mathcal{K}$ l'ensemble des familles de compacts disjoints contenus dans M et de capacité > 0. L'ensemble $\mathcal{K}$ n'est pas vide d'après le théorème de capacitabilité, et est évidemment inductif pour la relation d'ordre d'inclusion.

D'autre part, M étant mince, tout élément de $\mathcal{K}$ est dénombrable. On peut alors prendre pour (K_n) un élément maximal de $\mathcal{K}$, l'ensemble analytique $N = M - (\cup K_n)$ étant de capacité nulle d'après le théorème de capacitabilité et le caractère maximal de cette famille. Pour établir la réciproque, il suffit de montrer que l'ensemble des parties minces est stable pour $(\cup d)$, ce qui résulte aisément du fait que l'épaisseur J est une précapacité et de la condition ii) du n.8 imposée à la capacité I.

REMARQUE.- On peut montrer qu'un ensemble analytique M est mince si et seulement s'il satisfait la condition suivante : si $(M_\lambda)_{\lambda \in L}$ est une famille quelconque d'ensembles boréliens contenus dans M, il existe un sous-ensemble dénombrable L_0 de l'ensemble d'indices L tel que l'ensemble analytique $M_\lambda - (\bigcup_{\ell \in L_0} M_\ell)$ soit de capacité nulle pour tout $\lambda \in L$ (cf DELLACHERIE [ ]).

Nous allons démontrer maintenant le théorème essentiel de ce paragraphe. Afin d'en simplifier l'énoncé, nous poserons la définition suivante

17 DÉFINITION.- Un ensemble $\underline{\underline{H}}$ de parties de E est appelé une horde s'il satisfait les conditions suivantes

a) l'ensemble $\underline{\underline{H}}$ contient toutes les parties de capacité nulle

b) si A appartient à $\underline{\underline{H}}$ et B est inclus dans A, alors B appartient aussi à $\underline{\underline{H}}$ (autrement dit, $\underline{\underline{H}}$ est héréditaire)

c) l'ensemble $\underline{\underline{H}}$ est stable pour $(\cup d)$

d) tout élément de $\underline{\underline{H}}$ est contenu dans un ensemble analytique appartenant à $\underline{\underline{H}}$.

Ainsi, l'ensemble des parties de capacité nulle est la plus petite des hordes. L'ensemble des parties minces est aussi une horde d'après la définition de l'épaisseur J et le théorème 16.

Voici le théorème annoncé. Les formulations a) et b) que nous en donnons sont évidemment équivalentes

18 THÉORÈME.- Soit $\underline{\underline{H}}$ une horde d'ensembles minces.

a) Pour qu'un ensemble analytique A appartienne à $\underline{\underline{H}}$, il faut et il suffit que tout compact inclus dans A appartienne à $\underline{\underline{H}}$.

b) Pour qu'un ensemble analytique A n'appartienne pas à $\underline{\underline{H}}$, il faut et il suffit que A contienne un compact qui n'appartienne pas à $\underline{\underline{H}}$.

DÉMONSTRATION.- Nous démontrerons le théorème sous la forme b). La condition est évidemment suffisante, $\underline{\underline{H}}$ étant héréditaire. Montrons sa necessité. Soit A un ensemble analytique n'appartenant pas à $\underline{\underline{H}}$: si A est mince, le théorème résulte du théorème 16 d'après les propriétés a) et c) du n.17 ; si A a une épaisseur > 0, le théorème résulte du théorème 12, tout élément de $\underline{\underline{H}}$ étant mince par hypothèse.

Avant de revenir aux exemples du n.14, nous dégagerons encore une horde intéressante d'ensembles minces.

19 DÉFINITION.- Un ensemble analytique A est dit σ-fini pour la capacité I s'il existe sur E une mesure σ-finie λ satisfaisant la condition suivante : les ensembles λ-négligeables contenus dans A sont de capacité nulle. Une partie quelconque est dite σ-finie pour la capacité si elle est contenue dans un ensemble analytique σ-fini.

On peut évidemment supposer la mesure λ bornée, toute mesure σ-finie étant équivalente à une mesure bornée. D'autre part, la définition ne fait intervenir en fait que la classe des ensembles de capacité nulle, et il est clair que les ensembles σ-finis forment une horde d'ensembles minces (si A est de capacité nulle, on peut prendre $\lambda = 0$). Enfin, si A est σ-fini, il n'est pas difficile de voir que l'on peut choisir λ de sorte que les ensembles λ-négligeables contenus dans A coïncident avec les ensembles de capacité nulle contenus dans A.

Nous reprenons maintenant les exemples du n.14, en conservant leur numérotation et leurs notations

20 EXEMPLES.- 1) L'ensemble vide est le seul ensemble de capacité nulle. Les ensembles minces sont les ensembles dénombrables, qui sont aussi σ-finis. Le théorème 18, appliqué à la horde des ensembles minces, redonne le théorème de Souslin.

2) Un ensemble analytique A tel que l'ensemble $\{\lambda\in\mathcal{L} : \lambda(A) > 0\}$ soit dénombrable est σ-fini, et les parties de E contenues dans un ensemble analytique de ce type constituent une horde d'ensembles σ-finis. Le théorème 18, appliqué à cette horde, donne : si A est analytique, et si l'ensemble $\{\lambda\in\mathcal{L} : \lambda(A) > 0\}$ n'est pas dénombrable, alors A contient un compact K tel que l'ensemble $\{\lambda\in\mathcal{L} : \lambda(K) > 0\}$ ne soit pas dénombrable.

3) Les ensembles polaires sont les ensembles de capacité nulle, et on peut montrer que les ensembles semi-polaires forment une horde d'ensembles σ-finis. Le théorème 18, applique à cette horde, donne : un ensemble analytique qui n'est pas semi-polaire contient

un compact qui n'est pas semi-polaire.

4) Nous verrons au chapitre suivant que les ensembles σ-finis pour la mesure de Hausdorff engendrée par la fonction α forment une horde d'ensembles σ-finis pour la capacité. Le théorème 18 donnera alors : tout ensemble analytique non σ-fini pour la mesure de Hausdorff contient un compact non σ-fini pour cette mesure.

5) On peut montrer que tout ensemble mince est σ-fini. Sous les hypothèses un peu différentes de DELLACHERIE [ ] (F est sans structure topologique, et $G = \overline{\mathbb{R}}_+$), le théorème 18 et le théorème de section (n.9 du chapitre II) permettent d'obtenir des résultats importants en théorie des processus sur les ensembles à coupes dénombrables.

Un problème important, et souvent difficile, est celui de prouver que deux hordes d'ensembles minces sont identiques. En voici deux exemples : en théorie des processus de Markov, "si les points sont semi-polaires, est-ce que tout ensemble mince est semi-polaire ? (non résolu)"; en théorie des mesures de Hausdorff, " un ensemble mince est-il toujours σ-fini pour la mesure de Hausdorff ? (partiellement résolu)". Etant donné le théorème 16, il suffit d'étudier les compacts minces. Nous n'aborderons pas ici le problème général, et nous nous contenterons d'illustrer les méthodes connues pour aborder ce problème en étudiant au chapitre suivant le cas des mesures de Hausdorff.

4.- COMPLÉMENTS

Une grande partie de ce chapitre fait intervenir des arguments essentiellement topologiques, en particulier dans l'étude de l'épaisseur (topologie de Hausdorff, notion de calibre), qui n'ont pas d'équivalents dans le cas abstrait. Cependant, "l'essentiel" du théorème technique du n.4 est encore valable, ce qui permet d'obtenir encore le théorème 18 par des voies différentes. Nous nous bornerons à placer ce théorème dans un cadre abstrait, renvoyant le lecteur à DELLACHERIE [ ] pour plus de détails.

21 Nous désignons maintenant par $(E,\underline{\underline{E}})$ un espace pavé, où le pavage est supposé satisfaire les deux conditions suivantes

i) il est stable pour $(\cap d)$

ii) le complémentaire d'un élément de $\underline{\underline{E}}$ appartient à $\underline{\underline{E}}_\sigma$

Et on se donne une capacité I sur $(E,\underline{\underline{E}})$, vérifiant les conditions du n.8. Un ensemble $\underline{\underline{E}}$-analytique est dit mince s'il ne peut contenir les éléments d'une famille non dénombrable d'ensembles $\underline{\underline{E}}$-analytiques disjoints de capacité >0. On définit la notion de horde comme au n.17, et on a l'analogue du théorème 18

22 THÉORÈME.- *Soit* $\underline{\underline{H}}$ *une horde d'ensembles minces. Pour qu'un ensemble* $\underline{\underline{E}}$*-analytique* A *n'appartienne pas à* $\underline{\underline{H}}$*, il faut et il suffit que* A *contienne un élément de* $\underline{\underline{E}}$ *qui n'appartienne pas à* $\underline{\underline{H}}$.

CHAPITRE VI : MESURES DE HAUSDORFF

Le premier paragraphe est un résumé des connaissances nécessaires en théorie des mesures de Carathéodory pour la compréhension du reste. Nous définissons les mesures de Hausdorff au chapitre 2, et étudions leurs rapports avec les capacités. Nous montrons en particulier que toute mesure de Hausdorff est un calibre, et donnons diverses applications des chapitres précédents. Le paragraphe 3 est consacré à la comparaison des ensembles σ-finis et des ensembles minces pour certaines mesures de Hausdorff. Enfin le paragraphe 4 contient des compléments sur les mesures du "type Hausdorff".

1.- MESURES EXTÉRIEURES

Nous supposons toujours que E est un espace métrisable compact, quoique cela ne soit pas nécessaire pour une bonne partie de ce paragraphe. Nous renvoyons le lecteur à MUNROE [ ] , FEDERER [ ] ou ROGERS [ ] pour les démonstrations.

1 DÉFINITION.- Une mesure extérieure sur E est une fonction M sur $\mathcal{P}(E)$ satisfaisant les conditions suivantes

a) $M(\emptyset) = 0$

b) M est croissante : si B contient A, on a $M(B) \geq M(A)$

c) M est dénombrablement sous-additive : si A est contenu dans la réunion d'une suite (A_n), on a $M(A) \leq \Sigma M(A_n)$.

Ainsi, la mesure extérieure associée à une "vraie" mesure est une mesure extérieure au sens de cette définition (c'est même une mesure extérieure régulière - voir la définition au n.4). Plus généralement, les capacités fortement sous-additives fournies par le théorème d'extension 15 du chapitre II sont des mesures extérieures, qui sont loin d'être régulières en général.

2 DÉFINITION.- Soit M une mesure extérieure sur E. Une partie A de E est dite M-mesurable si, pour toute partie D, on a

$$M(D) = M(D\cap A)+M(D-A)$$

Etant donnée la sous-additivité de M, il suffit en fait d'avoir l'inégalité $M(D)\geq M(D\cap A)+M(D-A)$. L'ensemble des parties mesurables est évidemment stable par passage au complémentaire, et contient tous les ensembles de mesure nulle. Mais, on a beaucoup mieux

3 THÉORÈME.- L'ensemble des parties M-mesurables est une tribu.

La restriction de M à l'ensemble des parties M-mesurables est alors une véritable mesure abstraite. D'autre part, les ensembles M-mesurables constituant un pavage $\underline{\underline{E}}$, on peut montrer que tout ensemble $\underline{\underline{E}}$-analytique est encore M-mesurable (et donc un élément de $\underline{\underline{E}}$)

4 DÉFINITION.- Une mesure extérieure M est dite régulière si elle satisfait la condition suivante : toute partie A de E est contenue dans une partie M-mesurable B telle que l'on ait M(A) = M(B).

Le théorème suivant, très facile modulo ce qui précède, jouera un rôle important par la suite

5 THÉORÈME.- Toute mesure extérieure régulière est une précapacité.

Nous passerons une bonne partie de notre temps au paragraphe 2 à démontrer que certaines mesures extérieures non régulières sont encore des précapacités.

Nous allons maintenant faire intervenir la topologie de E.

6 DÉFINITION.- Une mesure extérieure est appelée une mesure de Borel si tous les boréliens sont mesurables.

Le théorème suivant est un cas particulier d'un résultat cité plus haut

7 THÉORÈME.- Soit M une mesure de Borel. Tout ensemble analytique est M-mesurable.

Voici le "critère de Carathéodory", qui donne un moyen commode pour vérifier qu'une mesure extérieure est une mesure de Borel

8 THÉORÈME.- Pour qu'une mesure extérieure M soit de Borel, il faut et il suffit qu'elle satisfasse la condition suivante : si A et B sont deux parties de E ayant leurs adhérences disjointes, alors on a $M(A \cup B) = M(A) + M(B)$.

Terminons ce petit résumé en donnant deux méthodes "classiques" pour construire des mesures extérieures.

9 Nous désignerons par $\underline{\underline{C}}$ une classe de parties de E contenant $\emptyset$ et par α une fonction sur $\underline{\underline{C}}$ telle que $\alpha(\emptyset) = 0$. Nous désignerons d'autre part par d une distance sur E compatible avec sa topologie par δ la fonction diamètre définie par d (avec la convention $\delta(\emptyset) = 0$).

10 THÉORÈME.- Si, pour toute partie A de E, on pose $M^{\alpha}_{\infty}(A) = \inf \Sigma\, \alpha(C_n)$ où (C_n) parcourt l'ensemble des recouvrements de A par des éléments de $\underline{\underline{C}}$, la fonction M^{α}_{∞} ainsi définie est une mesure extérieure.

Comme d'habitude, on convient que $M^{\alpha}_{\infty}(A) = +\infty$ s'il n'existe pas de recouvrements de A. Si, dans cette définition, on restreint $\underline{\underline{C}}$ en ne prenant que les éléments de $\underline{\underline{C}}$ de diamètre $\leq t$ (resp $< t$), on obtient une nouvelle mesure extérieure que nous noterons M^{α}_{t} (resp N^{α}_{t}) pour tout $t > 0$. Evidemment, on a $M^{\alpha}_{t} \leq N^{\alpha}_{t}$ pour tout t, et les M^{α}_{t} et N^{α}_{t} croissent si t décroit

1 THÉORÈME.- <u>La fonction</u> $M^{\alpha} = \sup M^{\alpha}_{t} = \sup N^{\alpha}_{t}$ <u>est une mesure de Borel, qui est regulière si les éléments de</u> $\underline{\underline{C}}$ <u>sont boréliens</u>.

Les mesures de Hausdorff seront construites suivant ce schéma.

2.- MESURES DE HAUSDORFF

Désormais, E est un espace <u>métrique</u> compact, muni d'une distance d; la fonction diamètre est notée δ, et $\delta(\emptyset) = 0$ par convention.

2 On désigne par α une fonction sur $\underline{\underline{K}}(E)$ ayant les propriétés suivantes

i) la fonction α est croissante et continue

ii) on a $\alpha(\emptyset) = 0$, et, si $\alpha(K) = 0$ pour $K \in \underline{\underline{K}}(E)$, alors $\delta(K) = 0$

et, pour des raisons de commodité, on prolonge α à $\phi(E)$ en posant

iii) $\alpha(A) = \alpha(\overline{A})$ pour tout $A \in \phi(E)$

Pour tout $t \in]0,+\infty]$, on définit les fonctions M^{α}_{t} et N^{α}_{t} comme ci-dessus. On a $M^{\alpha}_{t}(A)$ (resp $N^{\alpha}_{t}(A)$) $= \inf \Sigma\, \alpha(A_n)$ où (A_n) est un recouvrement dénombrable de A par des parties A_n de E telles que $\delta(A_n) \leq t$ (resp $\delta(A_n) < t$), et où l'inf est pris sur l'ensemble de ces recouvrements. Etant donnée la condition iii), on peut supposer les A_n quelconques ou compacts (quitte à remplacer A_n par $\overline{A}_n$). Si les A_n sont "quelconques", on peut les supposer disjoints et contenus dans A (quitte à remplacer A_n par $A \cap A_n$) : les mesures $M^{\alpha}_{t}(A)$ et $N^{\alpha}_{t}(A)$ ne dépendent donc que de l'espace métrique A, et non du compact métrique E dans lequel A est plongé isométriquement. La condition iii), jointe à i), permet aussi de supposer les A_n ouverts dans la définition des mesures N_t^α, quitte à remplacer A_n par un voisinage ouvert de $\overline{A}_n$ suffisamment proche de $\overline{A}_n$. Nous verrons aux n. 18 et 19 que M_∞^α est une capacité et que la famille (M_t^α, N_t^α) est une projection capacitaire. Pour le moment, bornons nous à rappeler ques les M_t^α et N_t^α sont des mesures extérieures, et que la fonction $M^\alpha = \sup M_t^\alpha = \sup N_t^\alpha$ est une mesure de Borel régulière, que nous appellerons la mesure de Hausdorff engendrée par α.

13 EXEMPLE.- Les mesures de Hausdorff classiques sont construites de la manière suivante : on se donne une fonction monotone croissante et continue h sur $\mathbb{R}_+$ telle que h(t) soit >0 pour $t>0$, et on prend pour α la fonction composée $h \circ \delta$; la mesure de Hausdorff M^α est alors notée M^h (pour h constante = 1, M^1 est la mesure de comptage des points; pour $h(t) = t^s$, $s \in \mathbb{R}_+$, M^h est la mesure s-dimensionnelle) La généralisation exposée ici est due à SION et SJERVE [ ], auxquels est emprunté aussi le lemme technique fondamental pour démontrer que les M_t^α sont des précapacités.

Notons tout de suite à quoi sert la condition ii) du n.12

14 THÉORÈME.- Soit (K_n) une suite de compacts telle que $\lim \alpha(K_n) = 0$. Alors on a aussi $\lim \delta(K_n) = 0$.

DÉMONSTRATION.- Soit $a = \lim\sup \delta(K_n)$. Quitte à extraire une sous-suite des K_n, on peut supposer que $\lim K_n = K$ existe dans $\underline{\underline{K}}(E)$ et que $\lim \delta(K_n) = a$. Comme α et δ sont continues sur $\underline{\underline{K}}(E)$, on a $\alpha(K) = 0$, donc $\delta(K) = 0$ et donc $a = 0$.

Une conséquence importante de ce petit lemme :

.5 THÉORÈME.- Soit A une partie de E. Pour que $M^{\alpha}(A) = 0$, il faut et il suffit que $M^{\alpha}_{\infty}(A) = 0$.

DÉMONSTRATION.- La condition nécessaire est triviale. Supposons donc que $M^{\alpha}_{\infty}(A) = 0$. Pour tout $\epsilon > 0$, soit (K^{ϵ}_n) un recouvrement de A par des compacts tels que $\Sigma\ \alpha(K^{\epsilon}_n) \leq \epsilon$. Pour ϵ fixé, on a $\lim \alpha(K^{\epsilon}_n) = 0$ et donc $\lim \delta(K^{\epsilon}_n) = 0$: il existe un entier n_{ϵ} tel que $\delta(K^{\epsilon}_{n_{\epsilon}}) = \sup_n \delta(K^{\epsilon}_n)$. Mais on a aussi $\lim_{\epsilon \to 0} \alpha(K^{\epsilon}_{n_{\epsilon}}) = 0$ et donc aussi $\lim_{\epsilon \to 0} \delta(K^{\epsilon}_{n_{\epsilon}}) = 0$. Donc, pour $t > 0$ fixé, les K^{ϵ}_n sont de diamètre $\leq t$ pour ϵ suffisamment petit, et ainsi $M^{\alpha}_t(A) = 0$ pour tout $t > 0$.

Voici maintenant le lemme technique fondamental pour l'étude des propriétés capacitaires des mesures M^{α}_t

.6 THÉORÈME.- Soit, pour tout entier p, une suite de compacts $\mathcal{K}^p = (K^p_n)$. Il existe alors une suite de compacts $\mathcal{K} = (K_n)$ satisfaisant les conditions suivantes

a) $\delta(K_n) \leq \lim_p \sup \delta(K^p_n)$ pour tout n

b) $\sum_n \alpha(K_n) + \lim_p \inf M^{\alpha}[\bigcup_n K^p_n - \bigcup_n K_n] \leq \lim_p \inf \Sigma\ \alpha(K^p_n)$

DÉMONSTRATION.- Commentons d'abord un peu l'énoncé. Supposons que, pour chaque p, (K^p_n) soit un recouvrement d'un ensemble A : on voudrait pouvoir définir un recouvrement limite quand p tend vers l'infini. Ce n'est pas tout à fait possible, mais les K_n en forment presque un : la condition b) nous donne une estimation précise de la mesure $M^{\alpha}[A - \cup K_n]$. Passons à la démonstration. Nous allons commencer par simplifier la situation par étapes. D'abord, il suffit de considérer le cas où $\lim_p \inf \Sigma\ \alpha(K^p_n)$ est fini. Et, quitte à extraire une sous-suite de $(\mathcal{K}^p)$, on peut supposer que

$$\lim_p \Sigma\, \alpha(K_n^p) = a < +\infty$$

existe. Pour p fixé, on a $\lim_n \alpha(K_n^p) = 0$ et donc $\lim_n \delta(K_n^p) = 0$: quitte à réarranger la suite (K_n^p), on peut supposer que la suite $(\delta(K_n^p))$ est décroissante. Enfin, quitte à extraire en cascade des sous-suites de $(\mathcal{K}^p)$ et à prendre la sous-suite diagonale, on peut supposer que, pour chaque n, la suite (K_n^p) converge dans $\underline{\underline{K}}(E)$ vers un compact K_n. Comme α est continue, on a $\alpha(K_n) = \lim_p \alpha(K_n^p)$, et il résulte du lemme de Fatou que $b = \Sigma\, \alpha(K_n)$ est majoré par a. D'autre part, on a aussi $\delta(K_n) = \lim_p \delta(K_n^p)$, et nous allons montrer que l'on a

$$\lim_p \sup M^\alpha[\cup K_n^p - \cup K_n] \leq a - b$$

Ainsi (K_n) satisfera les conditions du théorème (on a une "lim sup" dans a) et une "lim inf" dans b) parce qu'on travaille en réalité sur une sous-suite de $(\mathcal{K}^p)$). Nous allons d'abord montrer que

$$\lim_p \sup M^\alpha[\cup K_n^p - \cup V_n] \leq a - b$$

lorsque (V_n) est une suite d'ouverts telle que V_n contienne K_n pour tout n (ce résultat est par ailleurs suffisant pour montrer que M_∞^α est une capacité et que M^α est un calibre). Soit $\epsilon > 0$: il existe des entiers n_o et p_o tels que

(1) $\Sigma\, \alpha(K_n) \leq \epsilon$ pour $n \geq n_o$

(2) $K_n^p \subset V_n$ pour $p \geq p_o$ et $n = 1,2,\ldots,n_o$

(3) $\sum_n \alpha(K_n^p) \leq a+\epsilon$ pour $p \geq p_o$

(4) $|\alpha(K_1^p) - \alpha(K_1)| + |\alpha(K_2^p) - \alpha(K_2)| + \ldots + |\alpha(K_{n_o}^p) - \alpha(K_{n_o})| \leq \epsilon$ pour $p \geq p_o$

De la condition (2), il résulte que, pour $p \geq p_o$, on a

$$\bigcup_n K_n^p - \bigcup_{n \leq n_o} V_n \subset \bigcup_{n > n_o} K_n^p$$

Si $t > 0$ est tel que $\delta(K_n^p) \leq t$ pour tout $p \geq p_o$ et tout $n \geq n_o$, on a

$$M_t^\alpha[\bigcup_n K_n^p - \bigcup_n V_n] \leq M_t^\alpha[\bigcup_n K_n^p - \bigcup_{n \leq n_o} V_n] \leq \sum_{n > n_o} \alpha(K_n^p) \leq (a - b) + 3\epsilon$$

la dernière inégalité résultant de l'égalité

$$\sum_{n>n_0} \alpha(K_n^p) = \sum_n \alpha(K_n^p) - \sum_n \alpha(K_n) + \sum_{n\leq n_0} \alpha(K_n) - \sum_{n\leq n_0} \alpha(K_n^p) + \sum_{n>n_0} \alpha(K_n)$$

et des conditions (1),(3) et (4). Maintenant, pour $t>0$ fixé, on peut supposer n_0 suffisamment grand pour que $\delta(K_{n_0}) < t$, puis p_0 suffisamment grand pour que $\delta(K_{n_0}^p) \leq t$ pour $p \geq p_0$. Comme la suite $(\delta(K_n^p))$, p fixé, est décroissante, on a dans ces conditions $\delta(K_n^p) \leq t$ pour tout $p \geq p_0$ et tout $n \geq n_0$, et donc

$$M_t^\alpha[\bigcup_n K_n^p - \bigcup_n V_n] \leq a - b + 3\varepsilon$$

Il ne reste plus qu'à faire tendre t vers 0 puis ε vers 0 pour obtenir $\lim_p \sup M^\alpha[\bigcup K_n^p - \bigcup V_n] \leq a - b$. La dernière étape va faire intervenir le fait que M^α est une mesure régulière, et donc une précapacité. Pour n_0 fixé et pour $n = 1,2,\dots,n_0$, faisons décroitre l'ouvert V_n vers K_n. La mesure M^α etant une précapacité, pour p fixé, $M^\alpha[\bigcup_n K_n^p - \bigcup_{n\leq n_0} V_n - \bigcup_{n>n_0} V_n]$ croît vers $M^\alpha[\bigcup_n K_n^p - \bigcup_{n\leq n_0} K_n - \bigcup_{n>n_0} V_n]$.
On en déduit que, pour tout entier n_0, on a

$$\lim_p \sup M^\alpha[\bigcup_n K_n^p - \bigcup_{n\leq n_0} K_n - \bigcup_{n>n_0} V_n] \leq a - b$$

Soient maintenant $\varepsilon > 0$ et $t > 0$, et choisissons l'entier n_0 et les ouverts (V_n) de sorte que $\delta(V_n) \leq t$ pour $n \geq n_0$ et $\sum_{n>n_0} \alpha(V_n) \leq \varepsilon$ (la possibilité de ce choix résulte aisément de la convergence de la série $\Sigma\, \alpha(K_n)$). On a alors, pour p fixé,

$M_t^\alpha[\bigcup_n K_n^p - \bigcup_n K_n] \leq M_t^\alpha[\bigcup_n K_n^p - \bigcup_{n\leq n_0} K_n]$, et, M_t^α étant sous-additive,

$$M_t^\alpha[\bigcup_n K_n^p - \bigcup_{n\leq n_0} K_n] \leq M_t^\alpha[\bigcup_n K_n^p - \bigcup_{n\leq n_0} K_n - \bigcup_{n>n_0} V_n] + M_t^\alpha(\bigcup_{n>n_0} V_n)$$

$$\leq M^\alpha[\qquad \dots\dots\dots \qquad] + \sum_{n>n_0} \alpha(V_n)$$

et donc on a $M_t^\alpha[\bigcup K_n^p - \bigcup K_n] \leq a - b + 2\varepsilon$ pour p suffisamment grand.
Il ne reste plus qu'à faire tendre t vers 0, puis ε vers 0 pour obtenir $\lim_p \sup M^\alpha[\bigcup K_n^p - \bigcup K_n] \leq a - b$.

17 COROLLAIRE.- Soit, pour tout entier p, une suite de compacts (K_n^p). Il existe alors une suite de compacts (K_n) satisfaisant les conditions suivantes

a) $\delta(K_n) \leq \lim_p \sup \delta(K_n^p)$ pour tout n

b) si A est une partie de E contenue dans $\lim_p \inf (\bigcup_n K_n^p)$, on a

$$\sum_n \alpha(K_n) + M^\alpha[A - \bigcup_n K_n] \leq \lim_p \inf \Sigma\, \alpha(K_n^p)$$

DÉMONSTRATION.- On peut évidemment supposer que $A = \lim_p \inf (\bigcup_n K_n^p)$, et le corollaire sera prouvé si l'on montre que l'on peut intervertir "lim inf" et "M^α" dans le b) du théorème 16. Or, M^α étant une précapacité, satisfait le lemme de Fatou : pour toute suite (A_n), on a $M^\alpha[\lim \inf A_n] \leq \lim \inf M^\alpha(A_n)$. D'où la conclusion.

Nous sommes maintenant en mesure de démontrer le théorème qui va nous permettre d'appliquer aux mesures de Hausdorff les résultats des chapitres précédents

18 THÉORÈME.- La famille (M_t^α, N_t^α) est une projection capacitaire.

DÉMONSTRATION.- Nous allons reprendre dans l'ordre les propriétés d'une projection capacitaire pour les rappeler au lecteur.

a) pour t fixé, si A est contenu dans B, on a évidemment

$$M_t^\alpha(A) \leq M_t^\alpha(B) \quad \text{et} \quad N_t^\alpha(A) \leq N_t^\alpha(B)$$

b) pour t fixé, si (A_p) est une suite croissante, alors

$$M_t^\alpha(\cup A_p) = \sup M_t^\alpha(A_p)$$

Comme E est compact, les fonctions M_t^α et N_t^α sont finies. Pour p fixé, soit (K_n^p) un recouvrement de A_p par des compacts de diamètre $\leq t$ tel que $\sum_n \alpha(K_n^p) \leq M_t^\alpha(A_p) + 2^{-p}$, et appliquons le n.17. Comme $A = \bigcup_p A_p$ est contenu dans $\lim_p \inf (\bigcup_n K_n^p)$, on a

$$M_t^\alpha(A) \leq M_t^\alpha(\cup K_n) + M_t^\alpha(A - \cup K_n) \leq \Sigma\, \alpha(K_n) + M^\alpha(A - \cup K_n)$$

$$\leq \lim_p \sum_n \alpha(K_n^p) = \sup_p M_t^\alpha(A_p)$$

et l'inégalité inverse est évidente.

c) pour t fixé, si (K_p) est une suite décroissante de compacts,

$$N_t^\alpha(\cap K_p) = \inf N_t^\alpha(K_p)$$

Posons $K = \cap K_p$. La mesure $N_t^\alpha(K)$ est égale à $\inf \Sigma\, \alpha(V_n)$, où (V_n) est un recouvrement dénombrable par des ouverts de diamètre $< t$. Mais, pour (V_n) fixé, il exite un entier p_o tel que K_p soit contenu dans $\cup V_n$ pour $p \geq p_o$. D'où la conclusion.

d) pour t fixé, et K compact, $N_t^\alpha(K)$ est une fonction analytique puisque c'est une constante !

e) pour A fixé, les fonctions $t \to M_t^\alpha(A)$ et $t \to N_t^\alpha(A)$ sont monotones décroissantes (ce qui est évident), et, pour tout t,

$$M_t^\alpha(A) = \lim_{\substack{s \to t \\ s > t}} N_s^\alpha(A) \qquad N_t^\alpha(A) = \lim_{\substack{s \to t \\ s < t}} M_s^\alpha(A)$$

Démontrons d'abord la seconde égalité, qui est plus simple. On a évidemment $N_t^\alpha(A) \leq M_s^\alpha(A)$ pour $s < t$. D'autre part, si (K_n) est un recouvrement de A par des compacts de diamètre $< t$ tel que $\Sigma\, \alpha(K_n) \leq N_t^\alpha(A) + \epsilon$, on a $\lim \alpha(K_n) = 0$, donc $\lim \delta(K_n) = 0$: ainsi, il existe $s < t$ tel que $\delta(K_n) \leq s$ pour tout n, et alors on a $M_s^\alpha(A) \leq \Sigma\, \alpha(K_n) \leq N_t^\alpha(A) + \epsilon$. Démontrons maintenant la première égalité. Etant donnée la seconde, tout revient à montrer que la fonction $t \to M_t^\alpha(A)$ est continue à droite. Fixons t, et soit (t_p) une suite décroissante convergeant vers t. Pour p fixé, désignons par (K_n^p) une recouvrement de A par des compacts de diamètre $< t_p$ tel que $\Sigma\, \alpha(K_n^p) \leq M_{t_n}^\alpha(A) + 2^{-p}$. Et appliquons de nouveau le n.17 : on a comme ci-dessus $M_t^\alpha(A) \leq \Sigma\, \alpha(K_n) + M^\alpha(A - \cup K_n) \leq \inf_p M_{t_p}^\alpha(A)$. Et l'inégalité inverse est évidente.

19 COROLLAIRE.- <u>La mesure extérieure</u> M_∞^α <u>est une capacité, et les ensembles de capacité nulle pour</u> M_∞^α <u>coincident avec les ensembles de mesure nulle pour</u> M^α.

DÉMONSTRATION.- La seconde partie est une reformulation du n.15; la première résulte du théorème précédent, M_t^α étant égal à N_t^α pour $t > \delta(E)$.

Une limite croissante de calibres étant encore un calibre, on a d'après le théorème 16 du chapitre IV

20 THÉORÈME.- <u>La mesure de Hausdorff</u> M^α <u>est un calibre</u>.

et donc, d'après le théorème 11 du chapitre III

21 COROLLAIRE.- <u>Soient</u> F <u>un espace métrisable compact, et</u> A <u>une partie analytique du produit</u> ExF. <u>La fonction</u> $y \to M^\alpha[A(y)]$, <u>où</u> A(y) <u>est la coupe de</u> A <u>suivant</u> y, <u>est analytique sur</u> F.

Une autre conséquence du théorème 20 :

22 COROLLAIRE.- <u>Soit</u> A <u>une partie analytique de</u> E. <u>Alors</u>

$$M^\alpha(A) = \sup M^\alpha(K),\ K \subset A,\ K \in \underline{\underline{K}}(E)$$

Passons maintenant aux conséquences du n.19 : les ensembles analytiques σ-finis pour M^α sont évidemment σ-finis pour la capacité M_∞^α, et donc on a, d'après le théorème 18 du chapitre V

23 THÉORÈME (de Davies).- <u>Soit</u> A <u>une partie analytique de</u> E. <u>Si</u> A <u>n'est pas σ-fini pour</u> M^α, <u>alors</u> A <u>contient un compact</u> K <u>qui n'est pas σ-fini pour</u> M^α.

On trouvera une version plus forte de ce théorème dans SION et SJERVE [ ], qui montrent en particulier que, si l'ensemble analytique A n'est pas σ-fini pour M^α, alors il existe une autre mesure de Hausdorff M^{β} telle que A ne soit pas σ-fini pour M^{β} tandisque tout ensemble σ-fini pour M^{α} est de mesure nulle pour M^{β}.

Etant donnée le n.19, un ensemble analytique a une épaisseur >0 si et seulement s'il contient les éléments d'une famille non dénombrable d'ensembles analytiques disjoints de mesure >0 pour M^{α}. De la remarque du n.12 du chapitre V, il résulte

24 THÉORÈME.- Un ensemble analytique d'épaisseur >0 contient un compact égal à la réunion d'une famille "continue" de compacts disjoints d'épaisseur >0.

Dans le cas d'un ensemble compact, ce théorème est dû à DAVIES [ ], auquel nous avons emprunté l'idée pour démontrer que la précapacité épaisseur est dichotomique.

Et l'on a, d'après le théorème 13 du chapitre V,

25 THÉORÈME.- Soient F un espace métrisable compact, et A une partie analytique du produit ExF. L'ensemble des $y \in F$ tels que la coupe A(y) ait une épaisseur >0 est analytique dans F.

REMARQUE.- Ce théorème étend aux mesures de Hausdorff le théorème de Mazurkiewicz-Sierpinski pour la mesure du comptage des points. Dans le même ordre d'idées, la conjecture suivante, qui généraliserait le théorème de Souslin-Lusin-Braun pour la mesure du comptage des points, semble raisonnable, quoique sans doute très difficile à établir : si B est un borélien de ExF tel que la coupe B(y) soit mince pour M^{α} pour tout $y \in F$, alors la fonction $y \to M^{\alpha}[B(y)]$ est borélienne sur F (on sait qu'elle est analytique d'après le n.21).

3.- ENSEMBLES MINCES ET ENSEMBLES σ-FINIS

Voici d'abord un théorème facile, qu'on pourrait formuler plus généralement en comparant deux hordes d'ensembles minces pour une capacité

26 THÉORÈME.- Soit M^{α} une mesure de Hausdorff. Si tout compact mince de mesure > 0 contient un ensemble analytique σ-fini de mesure > 0, tout ensemble mince est σ-fini.

DÉMONSTRATION.- D'après le théorème 16 du chapitre V, tout ensemble mince est contenu dans la réunion d'une suite de compacts minces et d'un ensemble de mesure nulle. Il suffit donc de considérer les cas d'un compact mince K de mesure > 0. Soit alors $\mathcal{K}$ l'ensemble des familles de compacts disjoints, σ-finis et de mesure > 0 contenus dans K : cet ensemble n'est pas vide d'après l'hypothèse et le n.22, et est inductif pour l'inclusion; d'autre part, tout élément de $\mathcal{K}$ est dénombrable puisque K est mince. Soit (K_n) un élément maximal : d'après l'hypothèse et le n.22, l'ensemble $K - (\cup K_n)$ est de mesure nulle. En effet, sinon, $K - (\cup K_n)$ contiendrait un compact, mince, de mesure > 0, et (K_n) ne pourrait etre un élément maximal. Il est alors clair que K est σ-fini.

Il est probable que les ensembles minces sont toujours σ-finis. Nous allons voir que c'est le cas si E est un compact d'un espace euclidien et si α est de la forme $h \circ \delta$ (cf le n.13). Nous renvoyons le lecteur à ROGERS [ ] pour une étude systématique des mesures extérieures définies par des "réseaux" et des conditions de validité plus larges du théorème suivant.

27 THÉORÈME (de Besicovitch).- *Soit* E *un compact d'un espace euclidien* $\mathbb{R}^d$ *et supposons* α *de la forme* $h\circ\delta$. *Si* $M^h(E)$ *est* >0, *il existe un compact* K *de* E *tel que l'on ait* $0<M^h(K)<+\infty$.

DÉMONSTRATION.- On va en fait travailler avec une autre mesure de Borel régulière, construite à partir d'un "réseau", et "équivalente" à M^h (les mots entre guillemets vont être precisés par la suite). Mais, avant, on va simplifier un peu les choses. Nous allons montrer que l'on peut supposer $M^h(E\cap P) = 0$ pour tout hyperplan P de $\mathbb{R}^d$. En effet, sinon, il existe un hyperplan P tel que $M^h(E\cap P)>0$, et, quitte à remplacer E par $E\cap P$, on peut se placer dans $\mathbb{R}^{d-1}$. En itérant le procédé, on aboutit soit à un compact E' dans $\mathbb{R}^{d'}$ avec $E'\subset E$, $d'\leq d$, tel que $M^h(E')>0$ et $M^h(E'\cap P)=0$ pour tout hyperplan P de $\mathbb{R}^{d'}$ (cas où $h(0) = 0$), soit à un point x de E de mesure $M^h(\{x\}) = h(0)<+\infty$ (cas où $h(0)>0$).

Passons maintenant à la construction du réseau et des mesures extérieures associées. D'abord, le compact E est contenu dans un cube compact C^0 dont les arêtes sont parallèles aux axes de coordonnées de $\mathbb{R}^d$. Soient alors $\underline{\underline{H}}_0$ l'ensemble ayant C^0 pour seul élément, $\underline{\underline{H}}_1$ l'ensemble des 2^d cubes compacts C^1 obtenus en divisant les arêtes de C^0 par 2, et, de manière générale si $\underline{\underline{H}}_k$ est défini, soit $\underline{\underline{H}}_{k+1}$ l'ensemble des $2^d.2^{kd}$ cubes compacts C^{k+1} obtenus en divisant par 2 les arêtes de chacun des 2^{kd} cubes compacts C^k de $\underline{\underline{H}}_k$. On définit alors des mesures extérieures suivant le procédé du n.10. Plus précisément, nous poserons, pour tout entier r et tout $A\subset C^0$, $\Delta_r(A) = \inf \Sigma\, \alpha(C_n)$ où (C_n) est un recouvrement de A par des cubes appartenant à $\bigcup_{k\geq r} \underline{\underline{H}}_k$ (soit, encore, par des cubes du réseau de diamètre $\leq 2^{-r}\delta(C^0)$), et où l'inf est pris sur l'ensemble de ces recouvrements, et nous poserons $\Delta(A) = \sup \Delta_r(A)$.

Notons d'abord que Δ (resp Δ_0) est équivalente à M^h (resp M^h_∞) au sens précis suivant : pour $A \subset C^0$, on a

$$M^h_\infty(A) \leq \Delta_0(A) \leq 2^{2d}.M^h_\infty(A)$$
$$M^h(A) \leq \Delta(A) \leq 2^{2d}.M^h(A)$$

(c'est ici qu'intervient d'une manière essentielle le fait que E soit de dimension fini . Les inégalités de gauche sont triviales. Celles de droite résultent aisément du fait que tout ensemble $B \subset C^0$ tel que $2^{-(k+1)}.\delta(C^0) < \delta(B) \leq 2^{-k}.\delta(C^0)$ est contenu dans la réunion de moins de 2^d membres de $\underline{\underline{H}}_k$ et donc dans celle de moins de 2^{2d} membres de $\underline{\underline{H}}_{k+1}$. Par exemple, pour M^h_∞, soient $\varepsilon > 0$ et (A_n) un recouvrement de A par des parties de C^0 tel que $M^h_\infty(A) + \varepsilon > \Sigma\, \alpha(A_n)$; on peut supposer $\delta(A_n) > 0$ pour tout n, quitte à remplacer A_n par un voisinage suffisamment petit. Chaque A_n est alors contenu dans la réunion de moins de 2^{2d} cubes du réseau de diamètre inférieur à celui de A_n, et donc $\Delta_0(A) \leq 2^{2d}\, \Sigma\, h[\delta(A_n)] \leq 2^{2d}(M^h_\infty(A) + \varepsilon)$. Il ne reste plus qu'à faire tendre ε vers 0.

Nous avons supposé que $M^h(E \cap P) = 0$ pour tout hyperplan P. Nous allons encore simplifier un peu la situation en supposant que l'on a $E \cap P = \emptyset$ pour tout hyperplan P contenant une face d'un cube du réseau. Cela est possible, car, si (P_n) est une énumération des hyperplans engendrés par les faces des cubes du réseau, on a $M^h(E - \cup P_n) = M^h(E) > 0$, et, si $E \cap (\cup P_n)$ n'est pas vide, on peut remplacer E par un compact contenu dans $E - \cup P_n$ d'après le n.22. Cela étant, les mesures Δ_r ont les trois propriétés suivantes

i) si on a $A \subset E$ et $k \leq r$, alors $\Delta_r(A) = \Sigma\, \Delta_r(A \cap C^k)$ où C^k parcourt les cubes de $\underline{\underline{H}}_k$. En effet, tout recouvrement de A par des cubes appartenant à $\bigcup_{s \geq r} \underline{\underline{H}}_s$ se "partitionne" en recouvrements des $A \cap C^k$: d'où $\Delta_r(A) \geq \Sigma\, \Delta_r(A \cap C^k)$, et l'inégalité inverse est évidente.

ii) si on a $A \subset E$ et $\Delta_{k+1}(A \cap C^k) \leq \alpha(C^k)$ pour tout $C^k \in \underline{\underline{H}}_k$, alors

$$\Delta_{k+1}(A) = \Delta_k(A)$$

En effet, d'après i), il suffit de vérifier que $\Delta_{k+1}(A \cap C_k)$ est égal à $\Delta_k(A \cap C^k)$ pour tout $C^k \in \underline{\underline{H}}_k$. Or le seul recouvrement "intéressant" de $A \cap C^k$ permis pour Δ_k, mais non permis pour Δ_{k+1}, est celui composé par C^k tout seul : si on a $\Delta_{k+1}(A \cap C^k) \leq \alpha(C^k)$, on a $\Delta_{k+1}(A \cap C^k) \leq \Delta_k(A \cap C^k)$, et l'inégalité inverse est évidente.

iii) si (K_n) est une suite décroissante de compacts de E, alors $\Delta_r(\bigcap K_n) = \inf \Delta_r(K_n)$ pour tout entier r. En effet, pour les parties incluses dans E, on peut remplacer les cubes du réseau par leurs intérieurs dans les recouvrements, et un ouvert contenant $\bigcap K_n$ contient K_n pour n suffisamment grand.

Maintenant, supposons que nous puissions construire par récurrence une suite décroissante (K_k) de compacts de E telle que $K_0 = E$ et

$$\Delta_{k+1}(K_{k+1} \cap C^k) = \Delta_k(K_k \cap C^k) \text{ pour tout } C^k \in \underline{\underline{H}}_k$$

De i), il résulte que

$$\Delta_{k+1}(K_{k+1}) = \Delta_k(K_k) = \ldots = \Delta_0(K_0)$$

et de ii), que

$$\Delta_{k+1}(K_{k+1}) = \Delta_k(K_{k+1}) = \ldots = \Delta_0(K_{k+1})$$

car, pour $r \leq k$, on a $\Delta_{r+1}(K_{k+1} \cap C^r) \leq \Delta_{r+1}(K_{r+1} \cap C^r) = \Delta_r(K_r \cap C^r)$ et $\Delta_r(K_r \cap C^r) \leq \alpha(C^r)$ pour tout $C^r \in \underline{\underline{H}}_r$.

Posons alors $K = \bigcap K_k$: on a $\Delta(K) = \lim \Delta_k(K) \leq \lim \Delta_k(K_k) = \Delta_0(K_0)$, et, d'après iii), $\Delta_0(K) = \lim \Delta_0(K_k) = \Delta_0(K_0)$, et donc, finalement, on a $\Delta(K) = \Delta_0(K) = \Delta_0(E)$. Etant donnée l'équivalence de M^h (resp M^h_∞)

et de Δ (resp Δ_0), on a alors $0 < M^h(K) < +\infty$.

Il ne nous reste plus qu'à construire par récurrence une suite décroissante (K_k) de compacts de E telle que $K_0 = E$ et

$$\Delta_{k+1}(K_{k+1} \cap C^k) = \Delta_k(K_k \cap C^k) \text{ pour tout } C^k \in \underline{\underline{H}}_k$$

Comme on a évidemment $\Delta_k(K_k \cap C^k) \leq \Delta_{k+1}(K_k \cap C^k)$, la construction par récurrence sera possible si nous démontrons la chose suivante : soient r un entier et K un compact de E; pour tout $t \in [0, \Delta_r(K)]$, il existe un compact $L \subset K$ tel que $\Delta_r(L) = t$. Et cela résulte du fait que la fonction $s \to \Delta_r[K \cap \{x \in \mathbb{R}^d : x_1 \leq s\}]$, où x_1 est la premiere coordonnée de x et s est réel, est continue : elle est croissante, continue à droite d'après iii), et continue à gauche. Vérifions ce dernier point. Fixons s; comme $\Delta_r[K \cap \{x : x_1 = s\}] = 0$ ($M^h(K \cap P)$, et donc $\Delta(K \cap P)$, étant nul pour tout hyperplan P), il existe, pour $\epsilon > 0$ fixé, un recouvrement de $K \cap \{x : x_1 = s\}$ par des cubes C_n du réseau tel que C_n appartienne à $\bigcup_{k \geq r} \underline{\underline{H}}_k$ pour tout n et que $\Sigma\, \alpha(C_n) \leq \epsilon$. Mais, les intérieurs des C_n forment aussi un recouvrement de $K \cap \{x : x_1 = s\}$, le compact K ne rencontrant pas les hyperplans des faces des cubes, et donc les C_n forment aussi un recouvrement de $K \cap \{x : s - \eta \leq x_1 \leq s\}$ pour $\eta > 0$ suffisamment petit On a alors $\Delta_r[K \cap \{x : x_1 \leq s\}] \leq \Delta_r[K \cap \{x : x_1 \leq s - \eta\}] + \epsilon$. La fonction envisagée étant croissante, il ne reste plus qu'à faire tendre ϵ vers 0 pour obtenir la continuité à gauche.

REMARQUE.- Ce théorème n'est pas valable en toute généralité : DAVIES et ROGERS [ ] ont construit un exemple de compact métrique E et de fonction h tels que M^h ne prenne que les valeurs 0 et $+\infty$, avec $M^h(E) = +\infty$. Cependant, dans cet exemple, E est quand même d'épaisseur > 0.

Etant donné le théorème 22, on a sous les mêmes hypothèses

28 COROLLAIRE.- Soit A une partie analytique de E telle que $M^h(A) > 0$. Alors A contient un compact K tel que $0 < M^h(K) < +\infty$

Il n'est pas difficile de voir qu'on a en fait un peu plus : $M^h(A) = \sup M^h(K)$, K compact inclus dans A tel que $0 < M^h(K) < +\infty$.

Et, finalement, d'après le théorème 26, on a, toujours sous les hypothèses du théorème 27,

29 COROLLAIRE.- Toute partie mince de E est σ-finie pour M^h.

4.- COMPLÉMENTS

A : CAS TOPOLOGIQUE

On désigne ici par E un espace métrique, pas forcément séparable, et nous nous limiterons aux mesures de Hausdorff classiques : h est une fonction croissante et continue sur $\mathbb{R}_+$ telle que $h(t) > 0$ pour $t > 0$, et α est la fonction composee $h \circ \delta$, δ désignant toujours le diamètre. Pour h donnée, on définit comme précédemment les mesures extérieures M^h_t, N^h_t pour $t \in]0,+\infty]$, et M^h, les éléments des recouvrements pouvant être "quelconques", ou fermés, ou même ouverts dans le cas des N^h_t. La mesure M^h est encore une mesure de Borel régulière, donc une précapacité, et il n'est pas difficile de voir que les mesures N^h_t sont "continues à droite" sur les compacts, au sens de la définition 25-c') du chapitre II. Le problème difficile, et crucial pour ce qui nous intéresse, est de savoir si les mesures M^h_t sont encore des précapacités. La réponse n'est toujours pas connue en toute généralité. Cependant, on doit à

DAVIES [ ] une étude très fine de la question, et, en particulier, une solution positive pour une large classe de couples (E,h). Etant donnée la difficulté de la matière, nous nous contenterons de citer le résultat suivant (dû à Davies)

30 THÉORÈME.- <u>Supposons que</u> h <u>vérifie la condition suivante</u> : <u>il existe un constante</u> k <u>telle que</u> $h(3t) \leq k.h(t)$ <u>pour tout</u> $t \in \mathbb{R}_+$. <u>Alors, la mesure</u> M_t^h <u>est une précapacité pour tout</u> $t \in]0,+\infty]$.

Dans ces conditions, M_∞^h est une capacité continue à droite, et il résulte du théorème de Sion (cf n.27 du chapitre II)

31 COROLLAIRE.- <u>Si</u> A <u>est analytique au sens de Choquet, on a</u>

$$M^h(A) = \sup M^h(K),\ K \text{ compact inclus dans } A$$

On peut en fait démontrer un résultat bien meilleur : si A n'est pas σ-fini pour M^h, alors A contient un compact lui aussi non σ-fini pour M^h.

Nous n'avons pas eu le courage de vérifier les détails, mais il est presque certain qu'on peut aussi étendre à ces mesures M^h le théorème 21, tout au moins si E est complet et séparable.

B : CAS ABSTRAIT

La notion de mesure du "type Hausdorff" que nous allons définir ici est due à Glivenko, mais là aussi les progrès décisifs sont dûs à DAVIES [ ].

Nous désignons maintenant par E un ensemble sans structure topologique, et par (V_n) une suite de parties non vides de E telle que $E = \limsup V_n$. Et, à chaque V_n, on associe un réel ≥ 0 que nous noterons $\alpha(V_n)$. Pour tout entier k, on définit une mesure extérieure M_k en posant $M_k(\emptyset) = 0$, et, pour A non vide, $M_k(A) = \inf \Sigma\, \alpha(V_{n_i})$, où (V_{n_i}) est un recouvrement de A par une sous-suite (éventuellement finie) de (V_n) telle que l'on ait $n_i \geqslant k$ pour tout i. Et on définit une mesure du "type Hausdorff" en posant $M = \sup_k M_k = \lim_k M_k$. Les fonctions M_k et M sont des mesures extérieures, mais rien ne permet d'affirmer, pour le moment, que M est régulière. On a cependant le théorème suivant, dont la démonstration ressemble beaucoup à celle du théorème 16, mais est plus simple et plus "lumineuse",

32 THÉORÈME.- Si la mesure M est une précapacité, alors la mesure M_k est aussi une précapacité pour tout entier k.

La mesure M est une précapacité si elle est régulière : voici une condition suffisante (mais non évidente) pour qu'il en soit ainsi

33 THÉORÈME.- Pour que la mesure M soit régulière, il suffit que la suite (V_n) satisfasse les trois conditions suivantes

a) soient $x \in E$ et m un entier : si x n'appartient pas à V_m, il existe un entier n tel que $x \in V_n$ et $V_n \cap V_m = \emptyset$

b) soient deux entiers m et n tels que $V_m \cap V_n = \emptyset$. Il existe alors un entier p_o tel que $V_p \cap V_m$ ou $V_p \cap V_m$ soit vide pour tout $p \geqslant p_o$

c) soient deux entiers m et n tels que $V_m \cap V_n = \emptyset$. Il existe alors une sous-suite finie, dont les éléments rencontrent V_n mais non V_m, et dont la réunion est un recouvrement de tout élément de la suite rencontrant V_n mais non V_m.

Enfin, il est intéressant de noter qu'on peut montrer assez facilement (cf DAVIES [ ]) que les mesures M^α considérées au paragraphe 2 sont du "type Hausdorff", les (V_n) étant alors une suite de compacts satisfaisant les conditions du théorème précédent.

APPENDICE I : CAPACITÉS

A : CONTRE-EXEMPLES

Notre principal but, ici, est de montrer qu'un affaiblissement, à priori "raisonnable", de diverses hypothèses faites au cours des chapitres précédents peut entrainer les pires déboires.

Les contre-exemples que nous allons donner sont tous dus à Davies. Les deux premiers sont publiés ici pour la première fois, et je remercie vivement Davies pour son aimable autorisation.

Pour simplifier le langage, nous dirons qu'un fonction d'ensembles I "monte" si on a $I(\cup A_n) = \sup I(A_n)$ pour toute suite croissante (A_n), et "descend sur les compacts" si on a $I(\cap K_n) = \inf I(K_n)$ pour toute suite décroissante de compacts (K_n). Ainsi, une capacité est une fonction croissante qui monte, et qui descend sur les compacts.

1 Voici d'abord un exemple très simple de mesure extérieure qui descend sur les compacts, mais qui n'est pas une capacité. L'espace E est forme des points de la suite $(1/n)$, n entier, et de sa limite 0. On pose $J(\emptyset) = 0$, $J(A) = 1$ si $A \neq \emptyset$ et $0 \notin \bar{A}$ et $J(A) = 2$ si $0 \in \bar{A}$. Il est clair que la fonction J a les propriétés enoncées, mais on a $J[\{1,1/2,\ldots,1/n\}] = 1$ pour tout n alors que $J[\{1,1/2,\ldots,1/n,\ldots\}] = 2$. D'autres exemples plus compliqués (mais peut-être moins artificiels) sont dus à DAVIES [ ] et CHOQUET [ ]. Notre fonction J vérifie cependant le théorème de capacitabilité ; les deux autres exemples de Davies et Choquet ne le vérifient pas, mais ont quand même la propriété plus faible suivante : si A est analytique et si $J(A) > 0$, alors A contient un

compact K tel que $J(K) > 0$. Mais cette propriété n'est pas vraie en général, comme nous allons le voir maintenant.

2 Nous allons construire ici une mesure extérieure J qui descend sur les compacts, mais pour laquelle existe un ensemble analytique A (qui sera même $\underline{\underline{G}}_\delta$) tel que $J(A) > 0$ et $J(K) = 0$ pour tout compact K inclus dans A. Nous prendrons pour E un espace métrisable compact sans points isolés et nous désignerons par (F_i) une suite croissante de compacts dénombrables de E ayant la propriété suivante : pour tout entier i, F_i est contenu dans l'adhérence de $(F_{i+1} - F_i)$. Voyons d'abord rapidement comment on peut construire une telle suite. Prenons pour F_1 un point de E, et supposons F_i défini. Soient alors (x^k), k entier, une énumération des points de F_i, et (U_n) une suite décroissante d'ouverts telle que $F_i = \cap \overline{U}_n$. Pour k fixé, choisissons une suite injective (x_n^k) convergeant vers x^k et telle que x_n^k appartienne à $U_{k+n} - F_i$ pour tout n : on peut alors prendre pour compact dénombrable F_{i+1} la réunion de F_i et des $\{x_n^k\}$, k et n parcourant les entiers. Cela étant, pour toute partie A de E, posons $i(A) = \inf \{j : A \cap F_j \neq \emptyset\}$, avec $i(A) = \infty$ si cet ensemble et vide. Donnons nous maintenant une suite strictement décroissante (α_n) de réels > 0 convergeant vers 0 et posons, pour toute partie A de E, $I(A) = \alpha_{i(A)}$, avec la convention $\alpha_\infty = 0$. La fonction I ainsi définie est une capacité, et même une capacité fortement sous-additive (elle est par ailleurs du type considéré au n.14-2) du chapitre V). Il est clair que I est croissante et monte. D'autre part, soit A tel que $I(A) < \alpha_1$ et fixons un $\varepsilon > 0$: A est alors disjoint du compact $F_1 \cup \ldots \cup F_j$ où j est $< i(A)$ et suffisamment grand pour que l'on ait $\alpha_{j+1} \leq \alpha_{i(A)} + \varepsilon$. Par conséquent I est continue à droite, d'où

la descente sur les compacts. Restreignons maintenant I à $\underline{\underline{K}}(E)$, et construisons la mesure extérieure $J = M_\infty^I$: $J(A) = \inf \Sigma I(K_n)$ où (K_n) est un recouvrement dénombrable de A par des compacts et où l'inf est pris sur l'ensemble de ces recouvrements. La mesure extérieure J descend sur les compacts : en effet, I étant déjà dénombrablement sous-additive, on a $I(K) = J(K)$ pour tout compact K. Désignons maintenant par A le complémentaire de $\bigcup_i F_i$: A est $\underline{\underline{G}}_\delta$ et $J(K) = I(K) = 0$ pour tout compact K inclus dans A. Nous allons voir cependant que l'on a $J(A) = \alpha_1 > 0$, en montrant que toute suite de compacts (K_n) telle que $\Sigma I(K_n) < \alpha_1$ ne peut recouvrir A. Une telle suite (K_n) étant fixée, nous allons construire par récurrence une sous-suite d'entiers (n_i) strictement croissante et une suite d'ouverts (U_i) ayant les propriétés suivantes :

i) $F_{i+1} \cap (\bigcup_{n > n_i} K_n) = \emptyset$ pour tout i

ii) $U_i \cap (\bigcup_{n \leq n_i} K_n) = \emptyset$ pour tout i

iii) $\overline{U}_{i+1} \subset U_i$ pour tout i

iv) $U_i \cap (F_{i+1} - F_i) \neq \emptyset$ pour tout i

v) $U_{i+1} \cap F_i = \emptyset$ pour tout i

Dans ces conditions $\bigcap U_i$ sera non vide (cf iii) et iv)), contenu dans A (cf v)), et disjoint de $\bigcup K_n$ (cf ii)). D'abord, comme $\Sigma I(K_n)$ est $< \alpha_1$, on a $F_1 \cap (\bigcup K_n) = \emptyset$: choisissons $x_1 \in F_1$, puis un entier n_1 suffisamment grand pour que $F_2 \cap (\bigcup_{n > n_1} K_n) = \emptyset$ (ce qui est possible, car $\lim_n I(K_n) = 0$) et prenons pour U_1 un voisinage ouvert de x_1 suffisamment petit pour que $U_1 \cap (\bigcup_{n \leq n_1} K_n) = \emptyset$. Comme on a $F_1 \subset \overline{(F_2 - F_1)}$, $U_1 \cap (F_2 - F_1)$ n'est pas vide. Supposons maintenant n_i et U_i construits : choisissons $x_i \in U_i \cap (F_{i+1} - F_i)$ (ce qui est possible d'après iv), puis $n_{i+1} > n_i$ suffisamment grand pour que $F_{i+2} \cap (\bigcup_{n > n_{i+1}} K_n) = \emptyset$ (ce qui est possible, car $\lim I(K_n) = 0$)

et prenons pour U_{i+1} un voisinage ouvert de x_i suffisamment petit pour que l'on ait $\overline{U}_{i+1} \subset U_i$, $U_{i+1} \cap F_i = \emptyset$ (ce qui est possible, car $x_i \notin F_i$) et $U_{i+1} \cap (\bigcup_{n \leq n_{i+1}} K_n) = \emptyset$ (ce qui est possible, car $x_i \notin \bigcup K_n$ d'après i) et ii)). Pour pouvoir continuer la récurrence, il ne reste plus qu'à vérifier que $U_{i+1} \cap (F_{i+2} - F_{i+1})$ n'est pas vide, ce qui résulte de l'hypothèse que F_{i+1} est contenu dans l'adhérence de $(F_{i+2} - F_{i+1})$.

REMARQUES.- 1) Comme I est continue à droite, on a pour toute partie A de E, $I(A) = \inf I(\bigcup K_n)$, où (K_n) est un recouvrement etc. Ce qui se passe ici, c'est que, pour $\alpha_1 > \varepsilon > 0$, il existe des recouvrements (K_n) de $E - \bigcup F_i$ tels que $I(\bigcup K_n) \leq \varepsilon$, mais alors on a forcément $\Sigma\, I(K_n) = +\infty$.

2) La mesure extérieure $J = M_\infty^I$ est construite sur le modèle des mesures extérieures M_∞^α du paragraphe 2 du chapitre VI, lesquelles sont des capacités. Mais ici, la fonction I est seulement s.c.s. pour la topologie de Hausdorff, alors que les α étaient supposées continues [la fonction I ne vérifie pas non plus la condition $I(K) > 0$ pour K ayant plus d'un point, mais ce n'est pas essentiel : en ajoutant à I une "bonne"fonction α telle que $M^\alpha(E) = 0$, on aura encore $M_\infty^{I+\alpha}(E - \bigcup F_i) \geq \alpha_1$ et $M_\infty^{I+\alpha}(K) = 0$ pour tout compact K inclus dans $E - \bigcup F_i$. On peut voir facilement qu'une telle fonction α existe toujours; pour $E \subset \mathbb{R}^d$, il suffit de prendre $\alpha = h \circ \delta$ avec $h(t) = t^{d+1}$].

Le dernier exemple est un "sous-produit" de l'existence d'espaces lusiniens métrisables pour lesquels le critère de Prokhorov n'est pas une condition nécessaire pour la compacité d'un ensemble de mesures. Nous renvoyons à DAVIES [ ] pour la démonstration

4 Nous allons donner un exemple de capacité I, non fortement sous-additive, pour laquelle existe un ensemble analytique A (qui sera même un $\underline{\underline{G}}_\delta$) tel que I(A) = 0 et I(U) = 1 pour tout ouvert U contenant A. Nous prendrons pour E le carré [0,1] x [0,1], désignerons par t un point courant du premier facteur et par λ la mesure de Lebesgue sur le second. Posons, pour toute partie A de E, $I(A) = \sup_t \lambda^*[A(t)]$, où A(t) est la coupe de A suivant t. La fonction I ainsi définie est une capacité (elle est du type considéré au n.14-2) du chapitre V). Et il existe un $\underline{\underline{G}}_\delta$ de capacité nulle tel que tout ouvert le contenant contienne une verticale de E (i.e. un ensemble de la forme {t} x [0,1]). D'où la conclusion.

B : CAPACITÉS FORTEMENT SOUS-ADDITIVES

Le théorème suivant est dû à Choquet et Strassen (cf DELLACHERIE [ ])

5 THÉORÈME.- <u>Soient</u> E <u>un espace métrisable compact et</u> I <u>une capacité fortement sous-additive sur</u> $\underline{\underline{K}}(E)$ <u>telle que</u> $I(E)<+\infty$. <u>L'ensemble</u> $\mathcal{L}$ <u>des mesures</u> λ <u>sur</u> E <u>telles que</u> $\lambda(K)\leq I(K)$ <u>pour tout</u> $K\in\underline{\underline{K}}(E)$ est <u>un convexe compact pour la topologie vague</u>, <u>et</u>, <u>pour tout</u> $K\in\underline{\underline{K}}(E)$ <u>il existe</u> $\lambda\in\mathcal{L}$ <u>telle que</u> $\lambda(K) = I(K)$.

REMARQUES.- 1) D'après le n.14-2) du chapitre V, la fonction J définie par $J(A) = \sup \lambda^*(A)$, $\lambda\in\mathcal{L}$ est une capacité, et l'on a alors, d'après le théorème de capacitabilité, I(A) = J(A) pour tout ensemble analytique A.

2) L'extension, non triviale, de ce théorème au cas où E est localement compact à base dénombrable et I est finie sur les compacts est due à ANGER [ ]

3) En gros, le théorème affirme qu'une capacité fortement sous-additive est égale au sup des mesures qu'elle majore (le sup étant entendu au sens des fonctions sur $\phi(E)$). La situation peut être totalement différente si on suppose seulement que la capacité I est dénombrablement sous-additive. Le contre-exemple de DAVIES et ROGERS [ ] en théorie des mesures de Hausdorff, que nous avons déjà cité à la remarque du n.27 du chapitre VI, fournit un exemple de capacité dénombrablement sous-additive M_{∞}^{h} telle que toute mesure λ soit portée par un borélien de capacité nulle pour M_{∞}^{h} : la capacité M_{∞}^{h} ne majore que la mesure nulle.

Il est facile de voir que le procédé du n.14 du chapitre V ne fournit pas en général des capacités fortement sous-additives. Une caractérisation simple des compacts vagues de mesures fournissant des capacités fortement sous-additives a été donnée récemment par ANGER [ ], auquel nous empruntons le résultat suivant, en nous bornant au cas où E est compact

6 THÉORÈME.- Sous les hypothèses du théorème 5, on a de plus : si K et L sont deux compacts tels que $K \subset L$, il existe $\lambda \in \mathcal{L}$ telle que $\lambda(K) = I(K)$ et $\lambda(L) = I(L)$.

Il est facile de voir que cette propriété entraine la sous-additivité forte de I.

C : CAPACITÉS ALTERNÉES D'ORDRE INFINI

Les résultats consignés ici proviennent tous de CHOQUET [ ].

7 Définissons d'abord les "différences successives" d'une fonction finie I sur $\underline{\underline{K}}(E)$. Si K, L_1, L_2, ..., L_n, ... sont des éléments

de $\underline{\underline{K}}(E)$, on pose

$$\Delta_1(K;L_1) = I(K) - I(K \cup L_1)$$

$$\Delta_2(K;L_1,L_2) = \Delta_1(K;L_1) - \Delta_1(K \cup L_2;L_1)$$

$$= I(K) - I(K \cup L_1) - I(K \cup L_2) + I(K \cup L_1 \cup L_2)$$

et, d'une manière générale, si Δ_n est définie,

$$\Delta_{n+1}(K;L_1,\dots,L_n,L_{n+1}) = \Delta_n(K;L_1,\dots L_n) - \Delta_n(K \cup L_{n+1};L_1,\dots,L_n)$$

On vérifie aisément que, pour K fixé, la fonction Δ_n est symétrique en les L_i.

Pour n entier, on définit ainsi une fonction Δ_n sur $\underline{\underline{K}}(E)^{n+1}$ (nous nous permettrons de dire que Δ_n est une fonction, quoique qu'elle ne soit pas en général à valeurs positives : on va même ne s'occuper que du cas où les fonctions Δ_n sont toujours négatives !). Il est clair de $(\Delta_1 \leq 0) \Leftrightarrow$ (I est croissante) et $(\Delta_2 \leq 0) \Leftrightarrow$ (I est fortement sous-additive). Plus généralement, nous poserons

8 DÉFINITION.- <u>La fonction</u> I <u>sur</u> $\underline{\underline{K}}(E)$ <u>est dite</u> alternée d'ordre p (p <u>entier</u>) <u>si l'on a</u> $\Delta_n \leq 0$ <u>pour tout</u> $n \leq p$. <u>Elle est dite</u> alternée d'ordre ∞ <u>si l'on a</u> $\Delta_n \leq 0$ <u>pour tout</u> n.

Il est bien connu que l'on a $\Delta_n = 0$ pour tout n si I est une mesure : toute mesure est donc une fonction alternée d'ordre ∞. Plus généralement, on a le théorème, facile, suivant

9 THÉORÈME.- <u>Soient</u> ExF <u>un produit</u>, G <u>une partie compacte de</u> ExF, <u>et</u> λ <u>une mesure sur</u> F. <u>La fonction</u> I <u>sur</u> $\underline{\underline{K}}(E)$ <u>définie par</u> $I(K) = \lambda[\pi(G \cap (K \times F))]$, <u>où</u> K <u>appartient à</u> $\underline{\underline{K}}(E)$ <u>et</u> π <u>désigne la projection de</u> ExF <u>sur</u> F, <u>est alternée d'ordre</u> ∞.

De plus, la fonction I de ce théorème est continue à droite : comme au paragraphe 4 du chapitre II, nous dirons par abus de langage que I est une capacité alternée d'ordre ∞. Et, réciproquement, toute capacité alternée d'ordre ∞ est de ce type; on a même mieux : on peut toujours prendre $F = \underline{\underline{K}}(E)$ et $G = \{(x,K) : x \in K\}$. Plus précisement, on a le théorème suivant (dont la démonstration a été le banc d'essai du célèbre théorème de représentation intégrale de Choquet)

10 THÉORÈME.- Soit I une capacité alternée d'ordre ∞ telle que $I(\emptyset) = 0$. Il existe alors une mesure unique λ sur $\underline{\underline{K}}(E)$ telle que l'on ait

$$I(K) = \lambda[\{L \in \underline{\underline{K}}(E) \; : \; K \cap L \neq \emptyset\}]$$

pour tout compact K de E.

Lorsque λ est une mesure de Dirac, on retrouve les capacités élémentaires du n.3-1) du chapitre II, qui sont en fait les points extrémaux dans la représentation intégrale.

APPENDICE II : RABOTAGES

Nous allons présenter ici une methode différente pour définir un ensemble de "bonnes" fonctions (developpée dans DELLACHERIE [ ] et [ ]). Ces fonctions, que nous appellerons "fonctions lisses", ont des propriétés tout à fait analogues à celles des fonctions analytiques : nous verrons par exemple, que toute fonction s.c.s. est lisse et que l'ensemble des fonctions lisses est "stable pour l'opération A " (i.e., pour la formation de noyaux de schémas de Souslin); en particulier, toute fonction analytique sera lisse. La définition d'une fonction lisse, comme nous verrons plus loin, n'est pas "constructive", ce qui me fait conjecturer (peut-être hardiment, étant peu ferré en la matière) l'indécidabilité de la proposition " toute fonction lisse est analytique".

Cette notion de fonction lisse provient d'une idée originale de SIERPINSKI [ ] pour démontrer le théorème d'Alexandrov et Hausdorff (l'analogue du théorème de Souslin -n.6 du chapitre V - pour les boréliens). Ce que l'on va faire ici, ce n'est pas étendre la notion de fonction borélienne, comme dans le cas des fonctions analytiques, mais plutôt restreindre la classe des fonctions universellement capacitables pour avoir de bonnes propriétés de stabilité.

Quoique les concepts initiaux soient un peu compliqués, parce qu'inhabituels, je pense que cette méthode est digne d'intérêt, et qu'elle devrait en particulier retenir l'attention des logiciens.

Nous nous bornerons ici encore à considérer une situation topologique : E, F etc designent des espaces métrisables compacts

D'abord, deux définitions pour abréger le langage

1 DÉFINITION.- On appelle adhérence d'une fonction f définie sur E la plus petite fonction s.c.s. majorant f, que l'on note $\overline{f}$.

2 DÉFINITION.- Un ensemble $\underline{\underline{C}}$ de fonctions sur E est appelé une capacitance s'il satisfait les conditions suivantes

a) si f appartient à $\underline{\underline{C}}$ et si on a $g \geq f$, alors g appartient à $\underline{\underline{C}}$

b) si (f_n) est une suite croissante, et si $\sup f_n$ appartient à $\underline{\underline{C}}$, il existe un entier k tel que f_k appartienne à $\underline{\underline{C}}$.

Autrement dit, l'ensemble $\underline{\underline{C}}$ est une capacitance si et seulement si sa fonction indicatrice est une précapacité (à valeurs 0 ou 1).

RABOTAGES

Nous désignerons désormais par Γ l'ensemble des capacitances sur E, et par Φ l'ensemble des fonctions sur E.

3 DÉFINITION.- Un rabotage sur E est une application R de $\Gamma^{\mathbb{N}} \times \Phi^{\mathbb{N}}$ dans $\Phi^{\mathbb{N}}$ satisfaisant les conditions suivantes

a) pour tout couple de suites $[(\underline{\underline{C}}_n),(f_n)]$, le k-ième terme de la suite $R[(\underline{\underline{C}}_n),(f_n)]$ est majoré par f_k, pour tout entier k

b) de plus, si pour un entier k, la fonction f_k appartient à $\underline{\underline{C}}_k$, alors le k-ième terme de la suite $R[(\underline{\underline{C}}_n),(f_n)]$ appartient à $\underline{\underline{C}}_k$

c) enfin, si les deux couples de suites $[(\underline{\underline{C}}_n),(f_n)]$ et $[(\underline{\underline{C}}'_n),(f'_n)]$ ont les mêmes k premiers termes, alors les suites images par R ont aussi les mêmes k premiers termes.

4 L'exemple le plus simple de rabotage est le rabotage identique, i.e. la projection de $\Gamma^{\mathbb{N}} \times \Phi^{\mathbb{N}}$ sur $\Phi^{\mathbb{N}}$; c'est aussi un exemple important, car il permet de construire d'autres rabotages.

Mais, avant d'aller plus loin, commentons cette définition qui semble bien compliquée au premier abord. Soit R un rabotage, fixons l'argument $(\underline{\underline{C}}_n) \in \Gamma^{\mathbb{N}}$, et regardons l'application partielle de $\phi^{\mathbb{N}}$ dans $\phi^{\mathbb{N}}$. Pour cela, désignons par r_k la composée de cette application partielle avec l'application coordonnée de rang k de $\phi^{\mathbb{N}}$. D'apres le c) du n.3, $r_k[(f_n)]$ ne dépend que de $f_1, f_2, \ldots, f_k$: autrement dit, on peut considérer que r_k est une application de ϕ^k dans ϕ. On peut alors écrire les conditions a) et b) du n.3 sous la forme

i) on a $r_k[f_1, \ldots, f_k] \leq f_k$ pour tout k et tout $f_1, \ldots, f_k$

ii) si pour un entier k, la fonction f_k appartient à $\underline{\underline{C}}_k$, alors la fonction $r_k[f_1, \ldots, f_k]$ appartient aussi à $\underline{\underline{C}}_k$

Intuitivement, une capacitance est une classe de "grandes" fonctions La condition i) exprime que l'on diminue la "grandeur" de la fonction f_k et la condition ii) exprime que cette diminution n'est pas trop importante. Pour simplifier le langage, nous dirons désormais que la suite (r_n) est la <u>restriction du rabotage</u> R <u>à la suite de capacitances</u> $(\underline{\underline{C}}_n)$.

5 DÉFINITION.- <u>Soient</u> R <u>un rabotage</u>, $(\underline{\underline{C}}_n)$ <u>une suite de capacitances et</u> (r_n) <u>la restriction de</u> R <u>à</u> $(\underline{\underline{C}}_n)$. <u>Une suite de fonctions</u> (f_n) <u>est dite</u> (r_n)<u>-rabotée si elle satisfait les conditions suivantes</u>

a) <u>la fonction</u> f_n <u>appartient à la capacitance</u> $\underline{\underline{C}}_n$ <u>pour tout</u> n

b) <u>la fonction</u> f_{n+1} <u>est majorée par</u> $r_n[f_1, \ldots, f_n]$ <u>pour tout</u> n

Il est clair qu'une suite rabotée est toujours décroissante (nous dirons "suite rabotée" s'il n'y a pas de confusion possible sur R et sur $(\underline{\underline{C}}_n)$).

FONCTIONS LISSES

6 DÉFINITION.- On dit qu'un rabotage R est compatible avec une fonction f si la condition suivante est satisfaite :

pour toute suite de capacitances $(\underline{\underline{C}}_n)$, et toute suite rabotée (f_n), la fonction f majore $\inf_n \bar{f}_n$ dès qu'elle majore la fonction f_1

On dit qu'une fonction f est lisse s'il existe un rabotage compatible avec elle.

Ainsi, toute fonction s.c.s. est lisse, puisque compatible avec le rabotage identique. Et l'on a le théorème de stabilité suivant

7 THÉORÈME.- L'ensemble des fonctions lisses sur E est stable pour $(\vee d, \wedge d, + d, \times d)$. D'une manière générale, si $s \to f_s$ est un schéma de Souslin où les f_s sont lisses, le noyau de ce schéma est encore une fonction lisse. De même, si f définie sur un produit ExF est lisse, sa projection πf sur E est encore lisse.

En particulier, toute fonction analytique est lisse.

CAPACITABILITÉ

8 THÉORÈME.- Toute fonction lisse est universellement capacitable

Etant donnés les théorèmes 7 et 8, on a le théorème de séparation (cf n.10 du chapitre II) pour les ensembles lisses. En particulier, un ensemble lisse A dont le complémentaire est encore lisse est forcement borélien, et donc les complémentaires d'ensembles analytiques non boréliens ne peuvent être lisses.

9 THÉORÈME.- Soit V un noyau capacitaire régulier de E dans F Si f est lisse sur E, alors Vf est lisse sur F.

Et on a un théorème analogue pour les projections capacitaires.

Plaçons nous maintenant sous les hypothèses du chapitre V

10 THÉORÈME.- Soient A un ensemble lisse et J l'épaisseur associée à une capacité I. On a alors

$$J(A) = \sup J(K), \text{ K compact inclus dans A}$$

En particulier, tout ensemble lisse non-dénombrable contient un ensemble parfait non vide (et a donc la puissance du continu).

On a donc toute une série de propriétés communes aux fonctions analytiques et aux fonctions lisses. La démonstration du théorème 10 est d'ailleurs voisine de celle que nous avons donnée pour les ensembles analytiques. Par contre, les démonstrations des théorèmes 7 et 9 font appel à des techniques tout à fait différentes. Une étape importante (due essentiellement à Sierpinski) dans ces démonstrations : si (R_n) est une suite de rabotages, il existe un rabotage R (obtenu en "mélangeant" les R_n) tel qu'une fonction soit compatible avec R dès qu'elle est compatible avec l'un des R_n.

COMMENTAIRES

Les références bibliographiques ne renvoient pas toujours au premier article où un résultat a été démontré.

CHAPITRE I : L'idée de définir les ensembles analytiques comme images directes de boréliens "simples" par de "bonnes" fonctions remonte aux travaux classiques des écoles russe et polonaise. Elle n'a cependant pas été systematisée avant Choquet [6] dans les cas topologique et Meyer [32] dans les cas abstrait.
Nous avons suivi, comme il a été déjà dit, la présentation de Meyer. La démonstration du théorème 14 provient cependant de Choquet [8] : c'est sans doute la voie la plus simple pour démontrer "l'idempotence de l'opération A", y compris dans le cas abstrait.
Pour la méthode symbolique de Kuratowski-Tarski, nous avons suivi l'article original [30] de Kuratowski. Pour plus de détails sur la théorie des ensembles analytiques, nous renverrons au traité classique [31] de Kuratowski, et à la monographie récente [29] de Hoffmann-Jørgensen, qui contient en outre des commentaires très intéressants. Pour les développements récents de la théorie des ensembles analytiques, on consultera les travaux de Frolik, Rogers, Sion etc

CHAPITRE II : La théorie des capacités trouve sa source dans le mémoire fondamental [6] de Choquet, dans lequel on trouve aussi une étude détaillée de la capacité newtonienne et des capacités alternées d'ordre p. La démonstration de la version abstraite du théorème de capacitabilité, par schémas de Souslin, se trouve dans un autre article [9] de Choquet; elle avait cependant été essentiellement trouvée auparavant - et indépendamment - par Davies [10]. Le théorème topologique de capacitabilité de Sion provient de son article [39] (qui contient aussi une discussion des concepts de "mesurabilité" et "capacitabilité") : c'est un théorème très important (voir par exemple Bourbaki [4]), que nous ne pouvions mettre en valeur dans notre cadre topologique simple. Les applications à la théorie de la mesure dérivent de Choquet [6]; la démonstration du théorème de séparation provient de Dellacherie [24] Le théorème de prolongement des fonctions fortement sous-additives est aussi dû à Choquet [6] : on peut partir de là pour établir les théorèmes classiques de prolongement de mesures (cf Meyer [32]).

CHAPITRE III : La topologie de Hausdorff a été introduite par Hausdorff sous la forme "mètrique". Lorsque l'espace E est mètrisable mais non compact, la définition "topologique" définit la "topologie exponentielle" sur l'ensemble des parties fermées, topologie alors strictement moins fine que celle obtenue par la définition "mètrique" (voir Kuratowski [31]). La notion de calibre, et les théorèmes sur les calibres proviennent de Dellacherie [26]. Mais c'est l'aboutissement de la confrontation de la démonstration du théorème de Mazurkiewicz-Sierpinski donnée par Kuratowski [30] et du théorème de Mokobodzki sur les noyaux capacitaires.

CHAPITRE IV : La notion de noyau capacitaire et les résultats fondamentaux proviennent de l'article peu connu [33] de Mokobodzki. Le théorème 4 provient de Dellacherie [26], et la démonstration de l'existence des "schémas de Mokobodzki" est différente de celle de [33], mais en reprend les idées essentielles. Nous profitons de ces "commentaires" pour rajouter quelques lignes qui auraient dû trouver leur place dans le texte principal. La longue liste d'exemples de noyaux a pour objet principal de montrer que les noyaux sont des êtres fréquemment rencontrés : pour la plupart, on savait déjà qu'ils transformaient toute fonction analytique en une fonction analytique. Pour d'autres, il est plus simple de l'établir directement : c'est en particulier le cas pour les deux exemples suivants, oubliés en cours de rédaction

i) le noyau de $\underline{\underline{K}}(E)$ dans E qui, à toute famille de compacts (K_i), associe la réunion $\cup K_i$

ii) le noyau de E dans $\underline{\underline{K}}(E)$ qui, à toute partie A de E, associe la famille des compacts qui rencontrent A.

La notion de projection capacitaire provient de Dellacherie [21], où nous avions trouvé - indépendamment - des résultats voisins de ceux de Mokobodzki.

CHAPITRE V : Comme il a été déjà dit, ce chapitre reprend un chapitre de Dellacherie [25], avec les aménagements nécessaires pour démontrer qu'une épaisseur est un calibre. Et c'est l'aboutissement de la confrontation de nos travaux en théorie des probabilités et du potentiel (cf [19] et [20]) avec ceux de Davies en théorie des mesures de Hausdorff (cf [12] et [13]). La "philosophie" de la démonstration du théorème 4 remonte aux travaux de l'école polonaise, et l'idée d'utiliser la topologie de Hausdorff dans la démonstration du theoreme 10 provient de Davies [13] (ainsi que le raffinement de la remarque 1) du théorème 4).

CHAPITRE VI : Comme il a été déjà dit, on trouvera un traitement élégant des mesures de Hausdorff dans le beau livre [36] de Rogers, malheureusement pas écrit - à notre avis - dans le langage des capacités. Celui-ci a par contre été adopté par Carleson dans son petit livre [5]. En ce qui concerne le paragraphe 2, la meilleure référence reste l'article [40] de Sion et Sjerve. La propriété de "montée" des mesures M_t^α a sa petite histoire : d'abord établie par Besicovitch pour des mesures définies par des réseaux, elle a été ensuite prouvée pour les mesures dimensionnelles dans $\mathbb{R}^n$ par Davies [11] en utilisant des recouvrements par des

puis prouvée en toute généralité en utilisant la topologie de Hausdorff par Sion et Sjerve [40] (Davies dit par ailleurs dans [14] que l'idée initiale proviendrait de Minlos). Les théorèmes 21 et 25 proviennent de Dellacherie [16] : le théorème 21 donne une réponse affirmative à l'une des questions posées par Federer dans [27],2.10.27, tout au moins dans le cas des espaces métriques compacts (l'autre question a été résolue, par l'affirmative, par Davies dans [15]). Pour la démonstration du théorème de Besicovitch (paragraphe 3), nous avons suivi l'excellente rédaction de Federer [27], en la développant quelque peu, ce qui n'a fait peut-être que l'obscurcir.

BIBLIOGRAPHIE

[1] Anger B. : Approximation of capacities by measures (Lecture Notes Math. Vol 226, p 152-170, 1971)

[2] : Kapazitaeten und obere Einhuellende von Massen (à paraitre)

[3] Bourbaki N. : Eléments de mathématiques. Topologie générale 3e édition, Chapitre 9 (Hermann. Sous presse)

[4] : Elements de mathématiques. Intégration 3e édition, Chapitre 9 (Hermann 1971)

[5] Carleson L. : Selected problems on exceptional sets (Van Nostrand 1967)

[6] Choquet G. : Theory of capacities (Ann Inst Fourier Grenoble 5, p 131-295, 1955)

[7] : Sur les fondements de la théorie fine du potentiel (Séminaire Brelot-Choquet-Deny, Institut Poincaré, 1e année, 10 pages, 1957)

[8] : Ensembles $\mathcal{K}$-analytiques et $\mathcal{K}$-sousliniens... (Ann Inst Fourier, Grenoble 9, p 75-82, 1959)

[9] : Forme abstraite du théorème de capacitabilité. (Ibid, p 83-89)

[10] Davies R.O. : Subsets of finite measure in analytic sets (Indag Math 14, p 488-489, 1952)

[11] : A property of Hausdorff measure (Proc Phil Soc Cambridge 52, p 30-34, 1956)

[12] : Non σ-finite closed subsets of analytic sets (Ibid, p 174-177)

[13] : A theorem on the existence of non σ-finite subsets (Mathematika 15, p 60-62, 1968)

[14] : Measure of Hausdorff type (J. London Math Soc 1, p 30-34, 1969)

[15] : Increasing sequences of sets and Hausdorff measure (Proc London Math Soc 20, p 222-236, 1970)

[16] : A non-Prohorov space (Bull London Math Soc 3, p 341-342, 1971)

[17] : Sion-Sjerve measures are of Hausdorff type (J. London Math Soc, 1972, sous presse)

[18] Davies R.O. et Rogers C.A. : The problem of subsets of finite positive measure (Bull London Math Soc 1, p 47-54, 1969)

[19] Dellacherie C. : Ensembles aléatoires I (Lecture Notes Math Vol 88, p 97-114, Springer 1969)

[20] : Ensembles aléatoires II (Ibid, p 115-136)

[21] : Quelques résultats sur les capacités (C.R. Acad Sc Paris 269, p 576-579, 1969)

[22] : Quelques commentaires sur les prolongements ... (Lecture Notes Math Vol 191, p 77-81, Springer 1971)

[23] : Ensembles pavés et rabotages (Ibid, p 103-126)

[24] : Une démonstration du théorème de séparation des ensembles analytiques (Ibid, p)

[25] : Capacités et processus stochastiques (Springer 1972)

[26] : Sur quelques operations conservant l'analyticité (C.R. Acad Sc Paris, 1972)

[27] Federer H. : Geometric measure theory (Springer 1969)

[28] Frolik Z. : A survey of separable descriptive theory of sets ... (Czechoslovak Math J. 20, p 406-467, 1970)

[29] Hoffmann-Jørgensen J. : The theory of analytic spaces (Aarhus Universitet Mathematik Inst., 1970)

[30] Kuratowski C. : Evaluation de la classe borélienne ou ... (Fund Math 17, p 249-271,)

[31] : Topology Vol I et II. New edition ... (Academic Press et P.W.N., 1966)

[32] Meyer P.A. : Probabilités et Potentiel (Hermann 1966; en anglais, chez Blaisdell)

[33] Mokobodzki G. : Capacités fonctionnelles (Séminaire Choquet, Inst Poincaré, Paris 6e année, 6 pages, 1966/67)

[34] Munroe M.E. : Introduction to measure and integration (Addison Wesley 1959)

[35] Rogers C.A. : Analytic sets in Hausdorff spaces (Mathematika 11, p 1-8, 1964)

[36] : Hausdorff Measures (Cambridge University Press 1970)

[37] Sierpinski W. : Sur la puissance des ensembles mesurables B (Fund Math 5, p 166-171, 1924)

[38] : Sur deux complémentaires analytiques non séparables B (Fund Math 18, p 296-297,)

[39] Sion M. : On capacitability and measurability (Ann Inst Fourier Grenoble 13, p 88-99, 1963)

[40] Sion M. et Sjerve D. : Approximation properties of measures ... (Mathematika 9, p 145-156, 1962)

NOTATIONS

π, πf, $\pi(x,f)$ notations pour projections : I-1, p 2
S, Σ, $s \prec t$ notations pour schémas de Souslin : I-11, p 9
$\underline{\underline{G}}$, $\underline{\underline{F}}$, $\underline{\underline{K}}$, $\underline{\underline{A}}$ etc classes d'ensembles : I-15, p 11
$\underline{\underline{E}}$ pavage : I-18, p 15

$\Phi(E)$ ensemble des parties ou des fonctions : II, p 19
λ^* mesure extérieure : II-3, p 21

$\underline{\underline{K}}(E)$ espace des parties compactes : III-1, p 41
p, p(x,A) notations pour calibres : III-7, p 46
$\overline{p}$, $\bar{p}$ extensions de calibres : III-10, p 47, III-11, p 48

U, U(x,f) notations pour noyaux capacitaires : IV-2, p 52
$\overline{U}$, $\bar{U}$ extensions de noyaux capacitaires : IV-8, p 56, IV-9, p 57
(P_t, Q_t) projection capacitaire : IV-14, p 60

D_∞ ensemble des mots dyadiques infinis : V-3, p 66

M_t^α, N_t^α, M^α mesures extérieures : VI-11 à 12, p 84 et 85

M^h h-mesure de Hausdorff : VI-13, p 86

INDEX TERMINOLOGIQUE

Adhérence (d'une fonction) : AII-1, p 111
alternée d'ordre p, d'ordre ∞ (fonction) : AI-8, p 108
analytique (ensemble, fonction) : I-4, p 4; cas abstrait : I-19, p15
au sens de Choquet : I-26, p 18

Borel (mesure de) : VI-6, p 84

Calibre : III-7, p 46
capacitable (ensemble, fonction) : II-2, p 20
capacitaire (noyau) : IV-1, p 51; (projection) : IV-14, p 60
capacitance : AII-2, p 111
capacité : II-1, p 19
compact (pavage) : I-18, p 15
compatible (rabotage) : AII-6, p 113
condensation (point de) : III-4, p 44
continue à droite (capacité) : II-13, p 30 et II-25, p 40

Dénombrablement sous-additive (fonction) : VI-1, p 82
dichotomique (précapacité) : V-1, p 82
différences successives : AI-7, p 107

Elémentaire (fonction borélienne) : I-3, p 3
épaisseur : V-9, p 71
extérieure (mesure) : II-3, p 21 et VI-1, p 82

Fine (topologie) : L-17, p 12
σ-fini (ensemble ... pour une capacité) : V-19, p 68
fortement sous-additive (fonction) : II-13, p 20

Hausdorff (topologie de) : III-1, p 41
horde : V-17, p 77

Lisse (ensemble, fonction) : AII-6, p 113

Mesurable (ensemble) : VI-2, p 83
mesure (extérieure) : VI-1, p 82; (de Borel) : VI-6, p 84
(de Hausdorff) : VI-12, p 86 et VI-13, p 86
mince (ensemble) : V-15, p 76
Mokobodzki (schéma de) : IV-10, p 57

Noyau capacitaire : IV-1, p 51

Parfait : III-4, p 44
pavage : I-18, p 15
pavé (espace) : I-18, p 15
point de condensation : III-4, p 44
polonais (espace) : I-23, p 17
précapacité : II-1, p 19; ... dichotomique : V-1, p 66
produit (pavage) : I-18, p 15
projection (d'une fonction) : I-1, p 2
projection capacitaire : IV-14, p 60

Rabotage : AII-3, p 111
rabotée (suite) : AII-5, p 112
régulier (noyau capacitaire) : IV-1, p 51
régulière (mesure extérieure) : VI-4, p 83

Schéma : ... de Souslin : I-12, p 20; ... de Mokobodzki : IV-10, p57
sous-additive (fonction) : fortement ... : II-13, p 30
dénombrablement ... : VI-1, p 82
Souslin (schéma de) : I-12, p 20
souslinien (espace) : I-24, p 17

Topologie : ... fine : I-17, p 12; ... de Hausdorff : III-1, p 41
... vague : V-14, p 74

Universellement capacitable : II-2, p 20

Vague (topologie) : V-14, p 74

Lecture Notes in Mathematics

Comprehensive leaflet on request

Vol. 111: K. H. Mayer, Relationen zwischen charakteristischen Zahlen. III, 99 Seiten. 1969. DM 16,-

Vol. 112: Colloquium on Methods of Optimization. Edited by N. N. Moiseev. IV, 293 pages. 1970. DM 18,-

Vol. 113: R. Wille, Kongruenzklassengeometrien. III, 99 Seiten. 1970. DM 16,-

Vol. 114: H. Jacquet and R. P. Langlands, Automorphic Forms on GL (2). VII, 548 pages. 1970. DM 24,-

Vol. 115: K. H. Roggenkamp and V. Huber-Dyson, Lattices over Orders I. XIX, 290 pages. 1970. DM 18,-

Vol. 116: Séminaire Pierre Lelong (Analyse) Année 1969. IV, 195 pages. 1970. DM 16,-

Vol. 117: Y. Meyer, Nombres de Pisot, Nombres de Salem et Analyse Harmonique. 63 pages. 1970. DM 16,-

Vol. 118: Proceedings of the 15th Scandinavian Congress, Oslo 1968. Edited by K. E. Aubert and W. Ljunggren. IV, 162 pages. 1970. DM 16,-

Vol. 119: M. Raynaud, Faisceaux amples sur les schémas en groupes et les espaces homogènes. III, 219 pages. 1970. DM 16,-

Vol. 120: D. Siefkes, Büchi's Monadic Second Order Successor Arithmetic. XII, 130 Seiten. 1970. DM 16,-

Vol. 121: H. S. Bear, Lectures on Gleason Parts. III, 47 pages. 1970. DM 16,-

Vol. 122: H. Zieschang, E. Vogt und H.-D. Coldewey, Flächen und ebene diskontinuierliche Gruppen. VIII, 203 Seiten. 1970. DM 16,-

Vol. 123: A. V. Jategaonkar, Left Principal Ideal Rings. VI, 145 pages. 1970. DM 16,-

Vol. 124: Séminare de Probabilités IV. Edited by P. A. Meyer. IV, 282 pages. 1970. DM 20,-

Vol. 125: Symposium on Automatic Demonstration. V, 310 pages. 1970. DM 20,-

Vol. 126: P. Schapira, Théorie des Hyperfonctions. XI, 157 pages. 1970. DM 16,-

Vol. 127: I. Stewart, Lie Algebras. IV, 97 pages. 1970. DM 16,-

Vol. 128: M. Takesaki, Tomita's Theory of Modular Hilbert Algebras and its Applications. II, 123 pages. 1970. DM 16,-

Vol. 129: K. H. Hofmann, The Duality of Compact Semigroups and C*- Bigebras. XII, 142 pages. 1970. DM 16,-

Vol. 130: F. Lorenz, Quadratische Formen über Körpern. II, 77 Seiten. 1970. DM 16,-

Vol. 131: A Borel et al., Seminar on Algebraic Groups and Related Finite Groups. VII, 321 pages. 1970. DM 22,-

Vol. 132: Symposium on Optimization. III, 348 pages. 1970. DM 22,-

Vol. 133: F. Topsøe, Topology and Measure. XIV, 79 pages. 1970. DM 16,-

Vol. 134: L. Smith, Lectures on the Eilenberg-Moore Spectral Sequence. VII, 142 pages. 1970. DM 16,-

Vol. 135: W. Stoll, Value Distribution of Holomorphic Maps into Compact Complex Manifolds. II, 267 pages. 1970. DM 18,-

Vol. 136: M. Karoubi et al., Séminaire Heidelberg-Saarbrücken-Strasbourg sur la K-Théorie. IV, 264 pages. 1970. DM 18,-

Vol. 137: Reports of the Midwest Category Seminar IV. Edited by S. MacLane. III, 139 pages. 1970. DM 16,-

Vol. 138: D. Foata et M. Schützenberger, Théorie Géométrique des Polynômes Eulériens. V, 94 pages. 1970. DM 16,-

Vol. 139: A. Badrikian, Séminaire sur les Fonctions Aléatoires Linéaires et les Mesures Cylindriques. VII, 221 pages. 1970. DM 18,-

Vol. 140: Lectures in Modern Analysis and Applications II. Edited by C. T. Taam. VI, 119 pages. 1970. DM 16,-

Vol. 141: G. Jameson, Ordered Linear Spaces. XV, 194 pages. 1970. DM 16,

Vol. 142: K. W. Roggenkamp, Lattices over Orders II. V, 388 pages. 1970. DM 22,-

Vol. 143: K. W. Gruenberg, Cohomological Topics in Group Theory. XIV, 275 pages. 1970. DM 20,-

Vol. 144: Seminar on Differential Equations and Dynamical Systems, II. Edited by J. A. Yorke. VIII, 268 pages. 1970. DM 20,-

Vol. 145: E. J. Dubuc, Kan Extensions in Enriched Category Theory. XVI, 173 pages. 1970. DM 16,-

Vol. 146: A. B. Altman and S. Kleiman, Introduction to Grothendieck Duality Theory. II, 192 pages. 1970. DM 18,-

Vol. 147: D. E. Dobbs, Cech Cohomological Dimensions for Commutative Rings. VI, 176 pages. 1970. DM 16,-

Vol. 148: R. Azencott, Espaces de Poisson des Groupes Localement Compacts. IX, 141 pages. 1970. DM 16,-

Vol. 149: R. G. Swan and E. G. Evans, K-Theory of Finite Groups and Orders. IV, 237 pages. 1970. DM 20,-

Vol. 150: Heyer, Dualität lokalkompakter Gruppen. XIII, 372 Seiten. 1970. DM 20,-

Vol. 151: M. Demazure et A. Grothendieck, Schémas en Groupes I. (SGA 3). XV, 562 pages. 1970. DM 24,-

Vol. 152: M. Demazure et A. Grothendieck, Schémas en Groupes II. (SGA 3). IX, 654 pages. 1970. DM 24,-

Vol. 153: M. Demazure et A. Grothendieck, Schémas en Groupes III. (SGA 3). VIII, 529 pages. 1970. DM 24,-

Vol. 154: A. Lascoux et M. Berger, Variétés Kähleriennes Compactes. VII, 83 pages. 1970. DM 16,-

Vol. 155: Several Complex Variables I, Maryland 1970. Edited by J. Horváth. IV, 214 pages. 1970. DM 18,-

Vol. 156: R. Hartshorne, Ample Subvarieties of Algebraic Varieties. XIV, 256 pages. 1970. DM 20,-

Vol. 157: T. tom Dieck, K. H. Kamps und D. Puppe, Homotopietheorie. VI, 265 Seiten. 1970. DM 20,-

Vol. 158: T. G. Ostrom, Finite Translation Planes. IV, 112 pages. 1970. DM 16,-

Vol. 159: R. Ansorge und R. Hass. Konvergenz von Differenzenverfahren für lineare und nichtlineare Anfangswertaufgaben. VIII, 145 Seiten. 1970. DM 16,-

Vol. 160: L. Sucheston, Constributions to Ergodic Theory and Probability. VII, 277 pages. 1970. DM 20,-

Vol. 161: J. Stasheff, H-Spaces from a Homotopy Point of View. VI, 95 pages. 1970. DM 16,-

Vol. 162: Harish-Chandra and van Dijk, Harmonic Analysis on Reductive p-adic Groups. IV, 125 pages. 1970. DM 16,-

Vol. 163: P. Deligne, Equations Différentielles à Points Singuliers Reguliers. III, 133 pages. 1970. DM 16,-

Vol. 164: J. P. Ferrier, Seminaire sur les Algebres Complètes. II, 69 pages. 1970. DM 16,-

Vol. 165: J. M. Cohen, Stable Homotopy. V, 194 pages. 1970. DM 16,-

Vol. 166: A. J. Silberger, PGL_2 over the p-adics: its Representations, Spherical Functions, and Fourier Analysis. VII, 202 pages. 1970. DM 18,-

Vol. 167: Lavrentiev, Romanov and Vasiliev, Multidimensional Inverse Problems for Differential Equations. V, 59 pages. 1970. DM 16,-

Vol. 168: F. P. Peterson, The Steenrod Algebra and its Applications: A conference to Celebrate N. E. Steenrod's Sixtieth Birthday. VII, 317 pages. 1970. DM 22,

Vol. 169: M. Raynaud, Anneaux Locaux Henséliens. V, 129 pages. 1970. DM 16,

Vol. 170: Lectures in Modern Analysis and Applications III. Edited by C. T. Taam. VI, 213 pages. 1970. DM 18,-

Vol. 171: Set-Valued Mappings, Selections and Topological Properties of 2^X. Edited by W. M. Fleischman. X, 110 pages. 1970. DM 16,-

Vol. 172: Y.-T. Siu and G. Trautmann, Gap-Sheaves and Extension of Coherent Analytic Subsheaves. V, 172 pages. 1971. DM 16,-

Vol. 173: J. N. Mordeson and B. Vinograde, Structure of Arbitrary Purely Inseparable Extension Fields. IV, 138 pages. 1970. DM 16,-

Vol. 174: B. Iversen, Linear Determinants with Applications to the Picard Scheme of a Family of Algebraic Curves. VI, 69 pages. 1970. DM 16,-

Vol. 175: M. Brelot, On Topologies and Boundaries in Potential Theory. VI, 176 pages. 1971. DM 18,-

Vol. 176: H. Popp, Fundamentalgruppen algebraischer Mannigfaltigkeiten. IV, 154 Seiten. 1970. DM 16,-

Vol. 177: J. Lambek, Torsion Theories, Additive Semantics and Rings of Quotients. VI, 94 pages. 1971. DM 16,-

Please turn over

Vol. 178: Th. Bröcker und T. tom Dieck, Kobordismentheorie. XVI, 191 Seiten. 1970. DM 18,–

Vol. 179: Seminaire Bourbaki – vol. 1968/69. Exposés 347-363. IV. 295 pages. 1971. DM 22,–

Vol. 180: Séminaire Bourbaki – vol. 1969/70. Exposés 364-381. IV, 310 pages. 1971. DM 22,–

Vol. 181: F. DeMeyer and E. Ingraham, Separable Algebras over Commutative Rings. V, 157 pages. 1971. DM 16,–

Vol. 182: L. D. Baumert. Cyclic Difference Sets. VI, 166 pages. 1971. DM 16,–

Vol. 183: Analytic Theory of Differential Equations. Edited by P. F. Hsieh and A. W. J. Stoddart. VI, 225 pages. 1971. DM 20,–

Vol. 184: Symposium on Several Complex Variables, Park City, Utah, 1970. Edited by R. M. Brooks. V, 234 pages. 1971. DM 20,–

Vol. 185: Several Complex Variables II, Maryland 1970. Edited by J. Horváth. III, 287 pages. 1971. DM 24,–

Vol. 186: Recent Trends in Graph Theory. Edited by M. Capobianco/J. B. Frechen/M. Krolik. VI, 219 pages. 1971. DM 18,–

Vol. 187: H. S. Shapiro, Topics in Approximation Theory. VIII, 275 pages. 1971. DM 22,–

Vol. 188: Symposium on Semantics of Algorithmic Languages. Edited by E. Engeler. VI, 372 pages. 1971. DM 26,–

Vol. 189: A. Weil, Dirichlet Series and Automorphic Forms. V, 164 pages. 1971. DM 16,–

Vol. 190: Martingales. A Report on a Meeting at Oberwolfach, May 17-23, 1970. Edited by H. Dinges. V, 75 pages. 1971. DM 16,–

Vol. 191: Séminaire de Probabilités V. Edited by P. A. Meyer. IV, 372 pages. 1971. DM 26,–

Vol. 192: Proceedings of Liverpool Singularities – Symposium I. Edited by C. T. C. Wall. V, 319 pages. 1971. DM 24,–

Vol. 193: Symposium on the Theory of Numerical Analysis. Edited by J. Ll. Morris. VI, 152 pages. 1971. DM 16,–

Vol. 194: M. Berger, P. Gauduchon et E. Mazet. Le Spectre d'une Variété Riemannienne. VII, 251 pages. 1971. DM 22,–

Vol. 195: Reports of the Midwest Category Seminar V. Edited by J.W. Gray and S. Mac Lane. III, 255 pages. 1971. DM 22,–

Vol. 196: H-spaces – Neuchâtel (Suisse)- Août 1970. Edited by F. Sigrist, V, 156 pages. 1971. DM 16,–

Vol. 197: Manifolds – Amsterdam 1970. Edited by N. H. Kuiper. V, 231 pages. 1971. DM 20,–

Vol. 198: M. Hervé, Analytic and Plurisubharmonic Functions in Finite and Infinite Dimensional Spaces. VI, 90 pages. 1971. DM 16,–

Vol. 199: Ch. J. Mozzochi, On the Pointwise Convergence of Fourier Series. VII, 87 pages. 1971. DM 16,–

Vol. 200: U. Neri, Singular Integrals. VII, 272 pages. 1971. DM 22,–

Vol. 201: J. H. van Lint, Coding Theory. VII, 136 pages. 1971. DM 16,–

Vol. 202: J. Benedetto, Harmonic Analysis on Totally Disconnected Sets. VIII, 261 pages. 1971. DM 22,–

Vol. 203: D. Knutson, Algebraic Spaces. VI, 261 pages. 1971. DM 22,–

Vol. 204: A. Zygmund, Intégrales Singulières. IV, 53 pages. 1971. DM 16,–

Vol. 205: Séminaire Pierre Lelong (Analyse) Année 1970. VI, 243 pages. 1971. DM 20,–

Vol. 206: Symposium on Differential Equations and Dynamical Systems. Edited by D. Chillingworth. XI, 173 pages. 1971. DM 16,–

Vol. 207: L. Bernstein, The Jacobi-Perron Algorithm – Its Theory and Application. IV, 161 pages. 1971. DM 16,–

Vol. 208: A. Grothendieck and J. P. Murre, The Tame Fundamental Group of a Formal Neighbourhood of a Divisor with Normal Crossings on a Scheme. VIII, 133 pages. 1971. DM 16,–

Vol. 209: Proceedings of Liverpool Singularities Symposium II. Edited by C. T. C. Wall. V, 280 pages. 1971. DM 22,–

Vol. 210: M. Eichler, Projective Varieties and Modular Forms. III, 118 pages. 1971. DM 16,–

Vol. 211: Théorie des Matroïdes. Edité par C. P. Bruter. III, 108 pages. 1971. DM 16,–

Vol. 212: B. Scarpellini, Proof Theory and Intuitionistic Systems. VII, 291 pages. 1971. DM 24,–

Vol. 213: H. Hogbe-Nlend, Théorie des Bornologies et Applications. V, 168 pages. 1971. DM 18,–

Vol. 214: M. Smorodinsky, Ergodic Theory, Entropy. V, 64 pages. 1971. DM 16,–

Vol. 215: P. Antonelli, D. Burghelea and P. J. Kahn, The Concordance-Homotopy Groups of Geometric Automorphism Groups. X, 140 pages. 1971. DM 16,–

Vol. 216: H. Maaß, Siegel's Modular Forms and Dirichlet Series. VII, 328 pages. 1971. DM 20,–

Vol. 217: T. J. Jech, Lectures in Set Theory with Particular Emphasis on the Method of Forcing. V, 137 pages. 1971. DM 16,–

Vol. 218: C. P. Schnorr, Zufälligkeit und Wahrscheinlichkeit. IV, 212 Seiten 1971. DM 20,–

Vol. 219: N. L. Alling and N. Greenleaf, Foundations of the Theory of Klein Surfaces. IX, 117 pages. 1971. DM 16,–

Vol. 220: W. A. Coppel, Disconjugacy. V, 148 pages. 1971. DM 16,–

Vol. 221: P. Gabriel und F. Ulmer, Lokal präsentierbare Kategorien. V, 200 Seiten. 1971. DM 18,–

Vol. 222: C. Meghea, Compactification des Espaces Harmoniques. III, 108 pages. 1971. DM 16,–

Vol. 223: U. Felgner, Models of ZF-Set Theory. VI, 173 pages. 1971. DM 16,–

Vol. 224: Revètements Etales et Groupe Fondamental. (SGA 1). Dirigé par A. Grothendieck XXII, 447 pages. 1971. DM 30,–

Vol. 225: Théorie des Intersections et Théorème de Riemann-Roch. (SGA 6). Dirigé par P. Berthelot, A. Grothendieck et L. Illusie. XII, 700 pages. 1971. DM 40,–

Vol. 226: Seminar on Potential Theory, II. Edited by H. Bauer. IV, 170 pages. 1971. DM 18,–

Vol. 227: H. L. Montgomery, Topics in Multiplicative Number Theory. IX, 178 pages. 1971. DM 18,–

Vol. 228: Conference on Applications of Numerical Analysis. Edited by J. Ll. Morris. X, 358 pages. 1971. DM 26,–

Vol. 229: J. Väisälä, Lectures on n-Dimensional Quasiconformal Mappings. XIV, 144 pages. 1971. DM 16,–

Vol. 230: L. Waelbroeck, Topological Vector Spaces and Algebras. VII, 158 pages. 1971. DM 16,–

Vol. 231: H. Reiter, L^1-Algebras and Segal Algebras. XI, 113 pages. 1971. DM 16,–

Vol. 232: T. H. Ganelius, Tauberian Remainder Theorems. VI, 75 pages. 1971. DM 16,–

Vol. 233: C. P. Tsokos and W. J. Padgett. Random Integral Equations with Applications to Stochastic Systems. VII, 174 pages. 1971. DM 18,–

Vol. 234: A. Andreotti and W. Stoll. Analytic and Algebraic Dependence of Meromorphic Functions. III, 390 pages. 1971. DM 26,–

Vol. 235: Global Differentiable Dynamics. Edited by O. Hájek, A. J. Lohwater, and R. McCann. X, 140 pages. 1971. DM 16,–

Vol. 236: M. Barr, P. A. Grillet, and D. H. van Osdol. Exact Categories and Categories of Sheaves. VII, 239 pages. 1971, DM 20,–

Vol. 237: B. Stenström. Rings and Modules of Quotients. VII, 136 pages. 1971. DM 16,–

Vol. 238: Der kanonische Modul eines Cohen-Macaulay-Rings. Herausgegeben von Jürgen Herzog und Ernst Kunz. VI, 103 Seiten. 1971. DM 16,–

Vol. 239: L. Illusie, Complexe Cotangent et Déformations I. XV, 355 pages. 1971. DM 26,–

Vol. 240: A. Kerber, Representations of Permutation Groups I. VII, 192 pages. 1971. DM 18,–

Vol. 241: S. Kaneyuki, Homogeneous Bounded Domains and Siegel Domains. V, 89 pages. 1971. DM 16,–

Vol. 242: R. R. Coifman et G. Weiss, Analyse Harmonique Non-Commutative sur Certains Espaces. V, 160 pages. 1971. DM 16,–

Vol. 243: Japan-United States Seminar on Ordinary Differential and Functional Equations. Edited by M. Urabe. VIII, 332 pages. 1971. DM 26,–

Vol. 244: Séminaire Bourbaki – vol. 1970/71. Exposés 382–399. IV, 356 pages. 1971. DM 26,–

Vol. 245: D. E. Cohen, Groups of Cohomological Dimension One. V, 99 pages. 1972. DM 16,–